【図解】

孫子

THE ART OF WAR BY SUN TZU

「天才軍師」の必勝戦略

遠越段 著

SOGO HOREI PUBLISHING CO., LTD

まえがき

本書を手に取られた方はおそらく、教養を身に付けることに対して意識が高い方だろう。そして、それがどれほど人生においてプラスになるか、よく理解されているはずだ。

だが、世の中には「古代の中国で使われていた知識なんて学んで、何の役に立つんだ」と感じている人も多い。

これは大きな間違いで、教養がないということは、実はつらいことだ。あることを知らなかったばかりに、人生の選択肢の幅を縮めてしまったり、大切なことを見落としてしまったりする。

特に現代はグローバル化が著しいので、どこにチャンスが転がっているかわからない。雑談がビジネスにつながる、などといって雑談力についての本が話題になる時代だ。他国の歴史や文化に関心を持っている人のほうが、ビジネスチャンスもつかみやすいだろう。ぜひ、本書をそのきっかけにしてほしい。

『孫子』の兵法はどのようにして伝わってきた？

本書を読むことが少しでも楽しくなるように、歴史的経緯について少し解説しておこう。日本では古くから、中国大陸で著された書物が読み継がれてきた。実は、国語の時間に多くの読者が習ったであろう「返り点」や「レ点」などの漢文の読み方も、この過程で生まれた日本独特の技術である。

日本の歴史的資料に『孫子』がその名を刻むのは『続日本紀』が初めてだ。七六〇年、当時の都・奈良は藤原仲麻呂が権勢を誇り、彼とは敵対する立場にいた吉備真備は太宰府に左遷されていた。派遣は見送られたが、新羅討伐が検討され、『孫子』の兵法を学ぶために、下級士官が真備のもとへ派遣された。その際、『孫子』から地形の利用法や軍営の設営などを学んだとされる。これよりも以前の資料で『孫子』を確認できないため、真備が唐から持ち込んだと考えられている。真備は若いころに遣唐使として海を越え、当地の漢籍を学んでいたのである。

遣唐使の派遣には、現代とは段違いに大きな安全上のリスクと、莫大な費用がかかる。つまり中国大陸からの叡智の吸収が、古代の日本で国家的プロジェクトとして行われていたのだった。

そうした知識も、武士たちが活躍する時代になるころには、彼らが一般的に修める教養にまでなった。つまり、日本の文化の土台には、『孫子』をはじめとした漢籍があるのだ。

なぜ『孫子』を学ぶのか

『孫子』の兵法は、人生のつらい場面を乗り越えるときにも役に立つ。

私たちの人生は、他者とかかわり合いながら生きて行かなくてはならない。そのためには良質な人間性を作っていく必要がある。人は練り上げられた人間性をまとってこの大きな世界に出ていくのだ。しかし、それだけでは生き抜けない。なぜなら人は皆、「まず自分」なのだ。つまり、生きるうえでは他者との戦いや競争が避けられないのである。自分を貶める策略にはめられたり、いわれのない罪を被ることになったりして、せっかく築き上げた他人との信頼、社会的地位などを失ってしまうこともあるかもしれない。

こうした脅威には立ち向かうべきだが、立ち向かうだけの知略が必要となる。それを教えてくれるのが『孫子』なのである。二五〇〇年以上も前、古代中国の春秋戦国時代に書かれたこの書は、私たちがどうやって困難に打ち勝っていけばよいかを教えてくれる。『孫子』は戦争の書と思われがちだが、敵に勝つ実践的な戦術が書かれているだけでなく、人生論としても読むことができるのだ。

『孫子』は本来は全13章からなる文章だが、本書では読者の皆さんにわかりやすい解説を届けるべく、5つの章に内容を分けた。他者との効率のよい競い方がわかる「競争の心得」、計画的に成功を収める「作戦の心得」、組織の中で行動の仕方や部下との良好な関係を育む「組織の心得」「リーダーの心得」、そして「交渉の心得」だ。

いずれも現代のビジネスシーンで使えるよう、味わい深い名文を抜粋した書き下し文に加え、一部に超訳も加えた「大意」と、現代でどのように活かせるかなどを紹介する「解説」をつけた。

本書を読んで、まことの教養を身につけ、実際の様々なシーンでお役立ていただけたなら、これ以上の幸せはない。

遠越　段

目次

第1章 競争の心得

第2章 作戦の心得

第3章

組織の心得

第4章　リーダーの心得

第5章

交渉の心得

ＤＴＰ：横内俊彦
本文デザイン＆装丁：木村勉
校正：菅沼さえ子

第1章

競争の心得

1

相手を欺けば優位に立てる

兵とは詭道《きどう》なり。故に、能《のう》なるもこれに不能を示し、用なるもこれに不用を示し、近くともこれに遠きを示し、遠くしてこれに近きを示し、利にしてこれを誘い、乱にしてこれを取り、実にしてこれに備え、強にしてこれを避け、怒にしてこれを撓《みだ》し、卑にしてこれを驕《おご》らせ、佚《いっ》にしてこれを労し、親《しん》にしてこれを離す。其の無備を攻め、其の不意に出《い》ず。此れ兵家の勢《せい》、先に伝うべからざるなり。

（第一　計篇）

敵を欺く

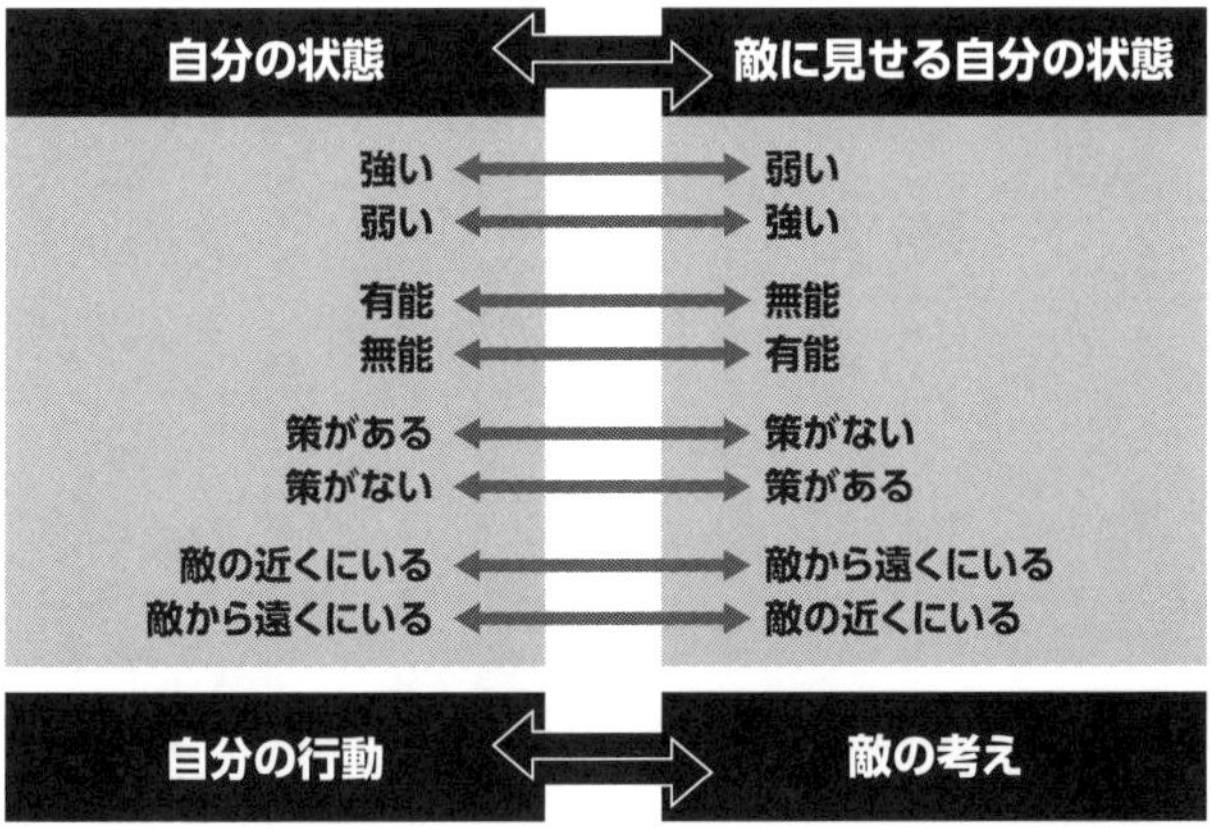

大意

戦争では普通はしないような戦い方が行われる。自分が強くても敵には弱く見せたり、自分が勇敢でも臆病に見せたりして、近くにいるのに遠くにいると見せかけ、利益を見せて誘い出し、混乱に乗じて襲い、充実していたら防備し、強ければ避け、怒っていれば混乱に陥れ、慢心させ、疲労させ、仲が良ければ分裂させる。こうして敵の不意をつくのである。このような敵の状況に応じた対応は、あらかじめ兵に指示できないものである。

解説

孫子は、勝つためには敵を操り、その思惑とは真逆の動きを無自覚にさせておけばよい、と言う。正しい判断力を持たない者は、偽物の情報や状況に踊らされ破滅する。おごらずに慎重に物事を判断し、広い視点を持つべきだ。

2 力が足りないときは成長するまで戦いを避けろ

故に用兵の法は、十なれば則《すなわ》ちこれを囲み、五なれば則ちこれを攻め、倍すれば則ちこれを分かち、敵すれば則ち能《よ》くこれと戦い、少なければ則ちこれを逃れ、若《し》かざれば則ち能くこれを避く。故に小敵の堅《けん》は、大敵の擒《きん》なり。

（第三　謀攻篇）

大意

戦争の法則としては、自軍の兵力が敵の十倍であれば敵を包囲し、敵の五倍であれば敵を攻撃し、二倍であれば敵を分裂させて戦い、等しければ敵と巧みに戦い、少なければうまく退却し、あらゆる面で力が及ばなければ敵との衝突を避けるようにする。少

戦術の法則

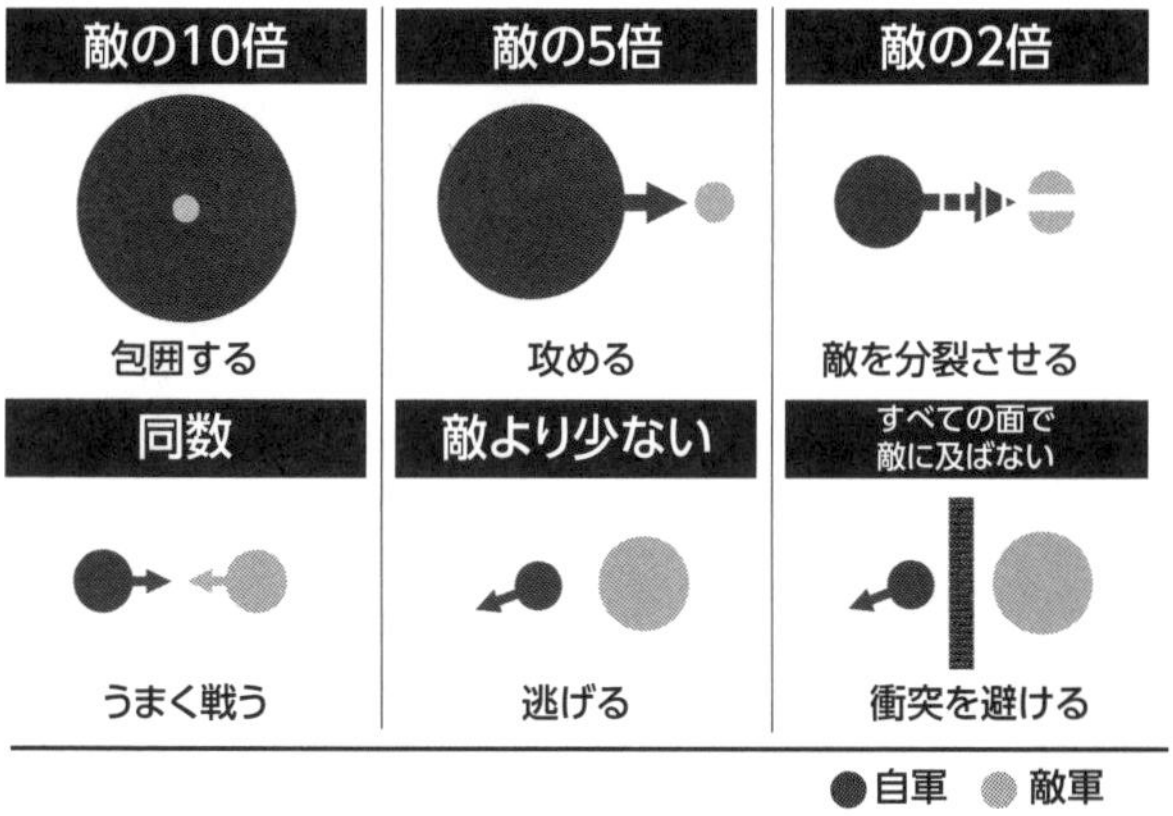

数の軍では大軍とは戦っても勝てないのが定石だからである。だから少数の軍なのに強気で無理に戦えば、大軍の捕虜になるだけである。

解説

織田信長は、奇襲攻撃で勝利した桶狭間の戦いのイメージから奇襲が得意だったと思われることが多いが、戦い方はオーソドックスで、兵力が足りなければ戦わないという戦争の法則に従っていた。当時、最強と言われた武田軍に対しても、勝てるようになるまで時間を稼いだという。

現代でも、競争の場では実力差の考慮が必要だ。こちらの力がまだ足りないときは、成長して優位に立つまでは戦いを避けることも考えるべきである。

3 敵を知り、己を知れば、すべて勝つ

故に曰《いわ》く、彼れを知り己《おのれ》を知れば、百戦して殆《あや》うからず。彼れを知らずして己を知れば、一勝一負す。彼れを知らず己を知らざれば、戦う毎《ごと》に必ず殆うし。

（第三　謀攻篇）

大意

敵軍のことを知って自軍のことを知るならば、百回戦っても百回勝てるし、敵軍のことを知らないで、自軍のことを知っていれば五分五分となり、敵軍のことを知らないで自軍のことも知らなければ、どの戦いも危うい。

敵を知り、己を知る

敵のことを知っているか	自分のことを知っているか		戦いの結果
○	○	→	◎
×	○	→	△
×	×	→	×

解説

互いによく知るライバルとの戦いは、なかなか勝負がつかないものだ。ビジネスでも、同業他社との競争は地道で、過酷を極める。

そのようなときは、まず自分の中に答えを求めるのも一つの手である。

自分や所属している組織の強みや、弱い分野を今一度精査し、どうやったら勝てるか戦略を立てるのだ。そして、そのうえで相手を知ること、つまり敵の強みと弱みを検証し、相手を上回って独自性を出せる部分を見つけたら、勝機をつかめるだろう。

これは商品開発などの企画の分野でも使える問題解決方法である。

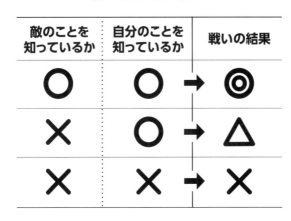

4 守備こそが競争の要

孫子曰《いわ》く、昔の善く戦う者は、先ず勝つべからざるを為《な》して、以て敵の勝つべきを待つ。勝つべからざるは己《おのれ》に在るも、勝つべきは敵に在り。故に善く戦う者は、能《よ》く勝つべからざるを為すも、敵をして勝つべからしむること能《あた》わず。故に曰く、勝は知るべくし、而して為すべからずと。
勝つべからざる者は守なり。勝つべき者は攻なり。守は則ち足らざればなり、攻は則ち余り有ればなり。善く守る者は九地の下に蔵《かく》れ、善く攻むる者は九天の上に動く。故に能く自ら保ちて勝を全うするなり。

（第四　形篇）

大意

孫子は言う。昔の戦巧者は、まず自軍を固めて敵に勝たせない態勢を整え、敵が弱点を露呈して誰でも勝てる態勢になるのを待った。しかし、自分たちのことなので、自軍を固めて誰にも破られない態勢を作ることはできるが、敵軍を誰でも勝てるような態勢にすることはできない。それが、「勝利がわかっていても、必ず達成できるとは限らない」といわれる所以だ。

誰も勝てない態勢とは守備についてのことである。誰でも勝てる態勢というのは攻撃についてのことである。守備を固めるのは戦力が不足しているからで、戦力に余裕がなければ攻撃することはできない。守備の上手な者は大地の底の奥深くに潜み、攻撃の上手な者は天界の高みで行動する。どちらにしても、その態勢を現すことがない。だから自軍を安全にして完全な勝利を手にすることができるのだ。

解説

戦いは自軍の守備と敵への攻撃からなる。

守備は自分でできることである。攻撃は敵の存在が前提となるので、必ずしもこちらの思うようにいくものではない。となると、戦いに負けないためには、まずは絶対に破られないような守備で自分たちを固めておき、そのうえで、敵の状況を正確に把握しておくのだ。

次にこちらの戦力が十分にあって、攻撃のチャンスを見出したときに鋭くつくように準備をしておく。これが、自軍が負けない戦い方である。

なお、守備は敵に気づかれないように進めることが求められる。守備を固めていることが知られると、固めきる前に攻められてしまうかもしれないからだ。また、同じく攻撃するときも敵に気づかれないように準備し、一気に攻めるようにすることが必要だ。

ビジネス戦略でもこれらの考え方は適用できる。たとえばあなたの所属している会社が市場でシェアナンバー1であったり、業界で何かしらの実績があり、ナンバー1といわれるような存在であったとする。ナンバー1の座はこれから這い上がってくる者たちと戦わなければ保てないが、下からの突き上げというのは必死さがあり、何も対策をしていなければ簡単に足をすくわれてしまう。攻める戦い以上に守る戦いをする必要があるのだ。

ナンバー1こそ情報戦も含めた絶対に破られない守りの戦略を使い、十分な戦力を蓄え、慢心せずに攻撃のチャンスを見つけていかなければならない。

完全な勝利の方法

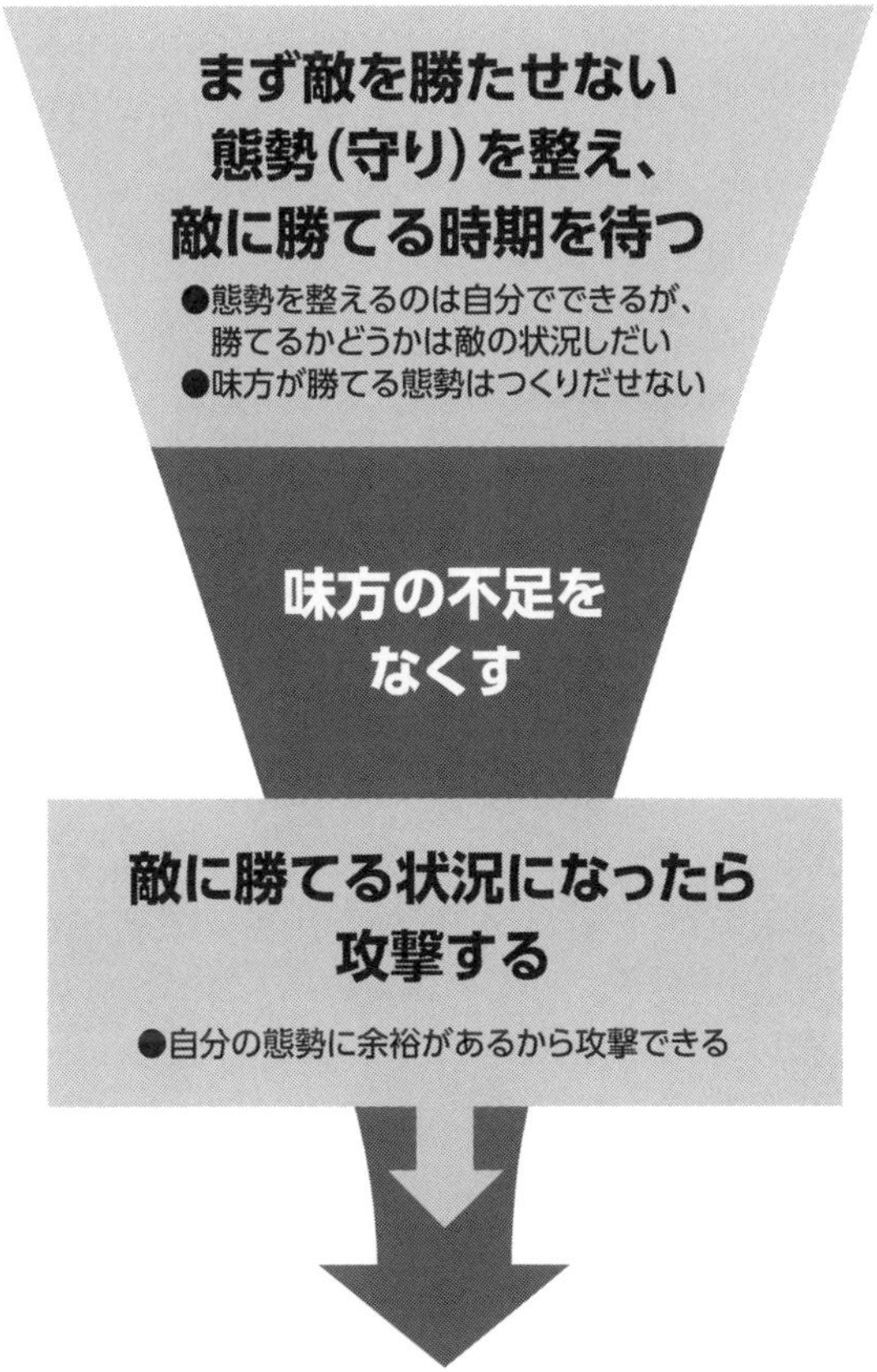
まず敵を勝たせない
態勢（守り）を整え、
敵に勝てる時期を待つ
●態勢を整えるのは自分でできるが、
勝てるかどうかは敵の状況しだい
●味方が勝てる態勢はつくりだせない
味方の不足を
なくす
敵に勝てる状況になったら
攻撃する
●自分の態勢に余裕があるから攻撃できる

味方を保全したまま
完全な勝利を収めることができる

5

勢いにのることの重要性

勝者の民を戦わしむるや、積水《せきすい》を千仞《せんじん》の谿《たに》に決するが若《ごと》き者は、形《かたち》なり。

（第四　形篇）

大意

決戦となり、民を兵として戦わせる場合、満々とたたえた水を奥深い谷底へ切って落とすような激しい勢いで一気呵成に攻めるのは勝者の方法である。

解説

戦場では、勝つべき時期がきたときには、勢いにのって攻めることも必要だ。

ナポレオンが率いた軍隊の話をしよう。フランス革命後のフランス軍は民衆からなる「国民軍」であった。戦争で戦う役目を担っていた貴族たちが国外へ逃げたためだ。彼ら

攻撃に転じるときは

しっかり
守りを固め、
勝てる時期
（勝機）が.
きたら……
一気に
切って落とす

は「祖国を守る」という強いモチベーションを持ち、機動力に長けていた。相手の予測を超えたスピードで進軍し、戦う準備が整わないうちに、攻撃することができたのだ。

さらに、活躍すれば誰でも軍で出世することができたため、貧しくても才能があり野心に燃える若者が多く志願して、軍はさらに質を上げていったという。

現代では、たとえば会社で新人と一緒に仕事をするとき、うまくいきそうな案件を一緒に進めるとよいだろう。実力が足りなくても、勢いにのって挑戦することで成功体験を積み、結果として大きな利益を生む人材が育つだろう。

6 集中してことに当たるべし

激水《げきすい》の疾《はや》くして石を漂《ただよわ》すに至る者は勢《せい》なり。鷙鳥《しちょう》の撃《う》ちて毀折《きせつ》に至る者は節なり。是の故に善く戦う者は、其の勢は険にして其の節は短なり。勢は弩《ど》を彍《ひ》くが如く、節は機《き》を発するが如し。

（第五　勢篇）

大意

激流がその速さで岩をも押し流してしまうのが、「勢い」である。鷲や鷹などの猛禽がものを壊してしまうほど強烈な一撃を加えるのが「節《ふしめ》」である。このように戦いが巧みな人ほど、その勢いは石弓を引き絞るように激しく、節は石弓の引きがねを引くと

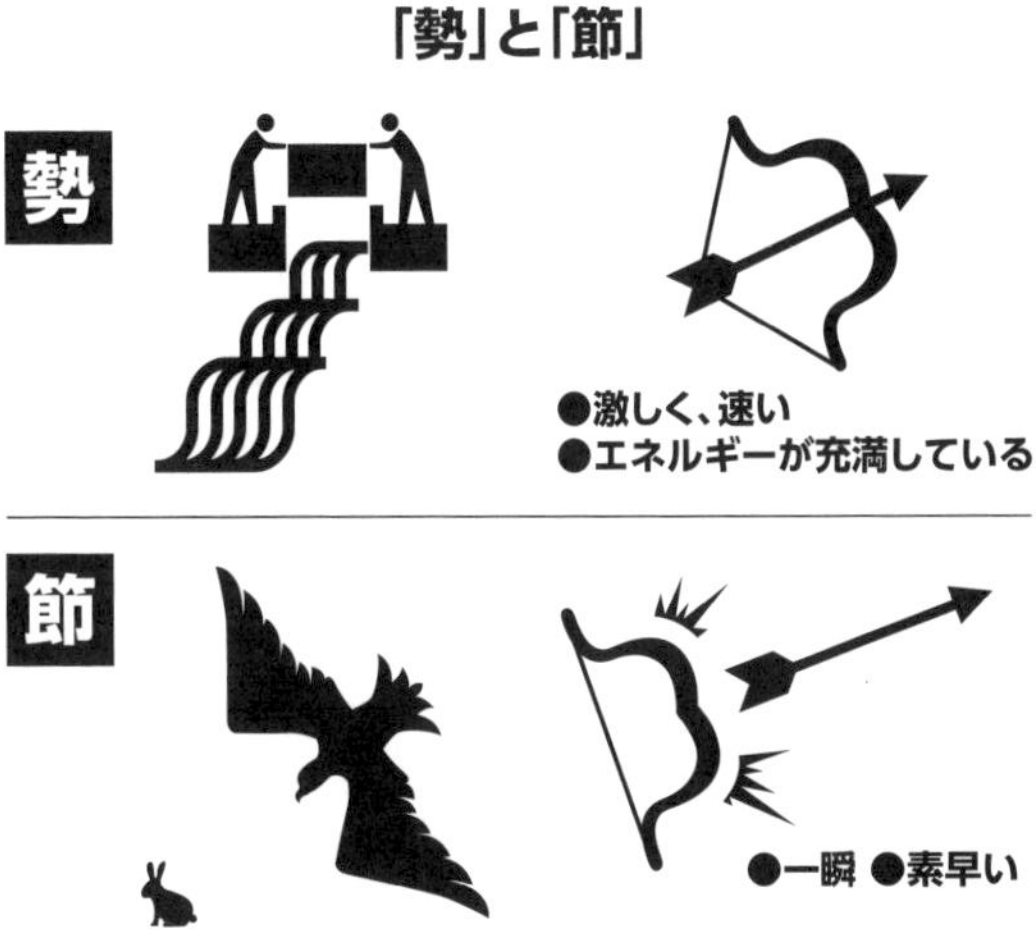
「勢」と「節」
勢
●激しく、速い
●エネルギーが充満している
節
●一瞬 ●素早い

きのように力強く迫るものである。

解説

戦いでは、試合のときに集中して勢いをつくりだし、実力を一気にだし切らないと、思わぬ苦戦をすることがある。優秀な兵士が集まっていても、大敗することだってある。

無意味な消耗や損害を避けて、実力を最大限発揮させるためには、「勢い」と「タイミング」を正しく用いることが必要だ。

現代のビジネスでも集中力を高め、「勢い」と「タイミング」によってチャンスを成功へ変えることができるのだ。

7 主導権を握る方法

孫子曰《いわ》く、凡《およ》そ先に戦地に処《お》りて敵を待つ者は佚《いっ》し、後《おく》れて戦地に処りて戦いに趨《おもむ》く者は労す。故に善く戦う者は、人を致して人に致されず。能く敵人をして自ら至らしむる者はこれを利すればなり。能く敵人をして至るを得ざらしむる者はこれを害すればなり。故に敵佚すれば能くこれを労し、飽《あ》けば能くこれを饑《う》えしめ、安んずれば能くこれを動かす。

（第六　虚実篇）

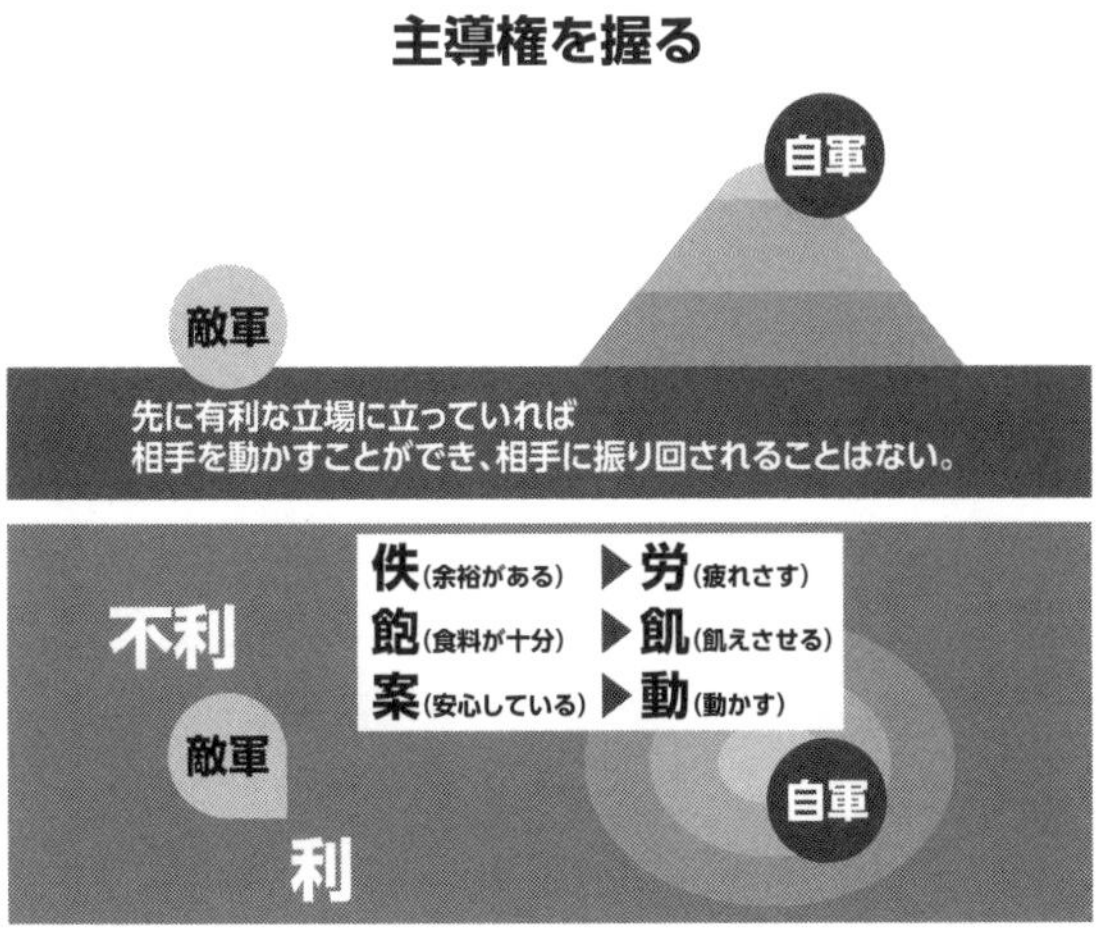
主導権を握る
自軍
敵軍
先に有利な立場に立っていれば
相手を動かすことができ、相手に振り回されることはない。
佚（余裕がある）▶労（疲れさす）
飽（食料が十分）▶飢（飢えさせる）
案（安心している）▶動（動かす）
不利
敵軍
自軍
利

大意

孫子が言うことには、戦争の際に敵より先に戦場に着いて敵がくるのを待ち構えられたら楽だが、遅れて戦場に着いてから戦う軍は苦労する。これが「実」（備えていること）と「虚」（備えていないこと）である。だから戦巧者は主導権を先に自分が握り有利な立場につき、敵を思いのままにして、自分が敵の思いどおりにされることはない。

敵をおびきだせるのは、敵に利益を示して誘うからである。敵をこさせないようにできるのは、害があることをわからせ、その場に足どめするからである。これらは自軍が有利な立場であるからできることだ。だから、敵が休息し安心していれば、敵を疲弊させることができ、敵に兵糧が十分あり食事に満足していても飢えさせることもでき、平穏に安らいでいれば誘い出すこともできる。つまり備えをしている敵であっても、上回ることができるのだ。

解説

「先んずれば人を制す」ということである。まず、こちらが先に有利な立場に立って敵を自在に動かせば、勝利はより確実となるのである。逆に、先に相手に有利な立場に立たれると、戦い方が後手となり、苦労する。

ビジネスマンにとっても、これは重要な心得である。社外でも社内でも、誰よりも先に行動を起こすということは大変評価される。たとえば業務上のミスなどが起こったとき。もちろんミスはないほうが絶対的によいが、人は間違う生き物である。すばやく報告する・対応することができれば、相手は安心し、信頼関係も以前より強いものになる可能性がある。

コラム

「丁寧で遅い人」と「雑ではやい人」

仕事は丁寧だがその分時間がかかってしまう人、雑な仕事ではあるが作業がはやい人——あなたはどちらに当てはまるだろうか。そしてどちらを目指すべきだと考えるだろうか。

もちろん、状況によるだろうが、時間に余裕があれば質が高いほうがよいと考える人のほうが多いだろう。しかしビジネスに求められているのはスピード感であることも事実だ。

この問題に『孫子』では、「兵は拙速を聞くも、未だ巧久なるを睹ざるなり」という答えを出している。戦争には多少拙い点があったとしても速やかに勝負をつけたほうがよい。上手い戦い方でも長引かせて有効だったことはないという意味だ。

雑すぎてはいけない。しかしスピード感を持って仕事をすることは何においても重要なのである。目標と期間をしっかり定め、そこで出せる一番の質で、素早く仕事を行うことができるビジネスマンこそが優れているといわれるだろう。

部下の仕事が遅い、または雑ということであれば、上司が作業の速さや質の基準を示すことで改善されるかもしれない。

8 敵の弱点を見破る

進みて禦《ふせ》ぐべからざる者は、其の虚を衝《つ》けばなり。退きて追うべからざる者は、速《すみや》かにして及ぶべからざればなり。故に我れ戦わんと欲すれば、敵塁《るい》を高くし溝《こう》を深くすと雖《いえど》も、我れと戦わざるを得ざる者は、其の必ず救う所を攻むればなり。我れ戦いを欲《ほっ》せざれば、地を画《かく》してこれを守るも、敵我れと戦うことを得ざる者は、其《そ》の之《ゆ》く所に乖《そむ》けばなり。

（第六　虚実篇）

勝利は積極的に創り出すもの

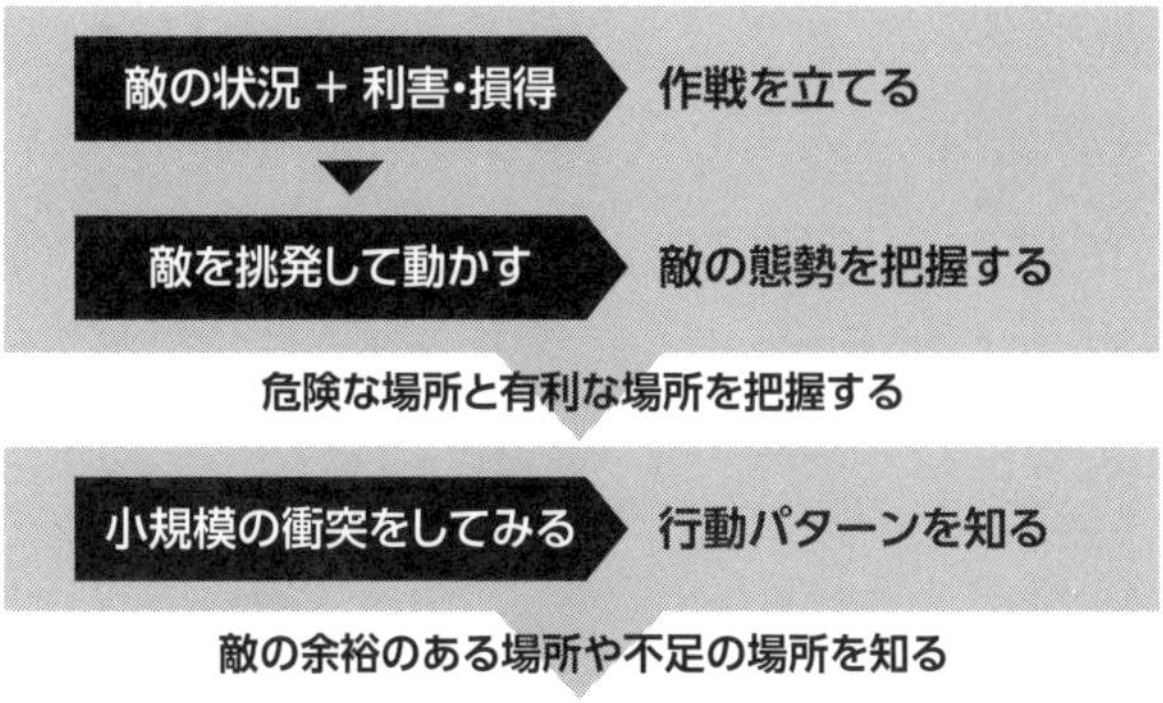
敵の状況 ＋ 利害・損得
作戦を立てる
敵を挑発して動かす
敵の態勢を把握する
危険な場所と有利な場所を把握する
小規模の衝突をしてみる
行動パターンを知る
敵の余裕のある場所や不足の場所を知る

**自ら動くことによって、敵を動かし
敵の強みと弱みを知れば敵が多くても勝てる**

大意

自軍から進軍したとき敵が防ぎきれないのは、敵の隙をついた進軍だからだ。退却するときに敵が追撃できないのは、追いつけないほど素早い退却だからだ。敵が戦いを望まず土塁を高く築き、堀を深く掘り、城に籠ったとしても戦わざるを得ないのは、敵にとって必ず助けに行かなくてはならないところを攻撃するからだ。守備を固めるまでもなく、地面に区切りの線を引いて守るだけでも、敵軍は自軍と戦えない。敵の関心を別の方向に向けるからだ。

解説

相手の弱点を見破り、こちらが主導権を握れば有利に戦うことができる。その際、こちらの動きは相手に伝わらないように注意しよう。

9 何があっても動じない

故にこれを策《はか》りて得失《とくしつ》の計を知り、これを作《おこ》して動静の理を知り、これを形《あらわ》して死生の地を知り、之に角《ふ》れて有余不足の処を知る。

（第六　虚実篇）

大意

戦いの前に敵の実情を知るためには、敵の状況を分析し、利害得失を計算し、敵を挑発して兵を動かし、その行動様式を把握し、考えられる敵の動向をしっかり予測して戦えば、敗れるべき地形と敗れない地形とを知り尽すことができ、敵と小さく争ってみて敵の余裕のある所や手薄の所を知ることができるのである。

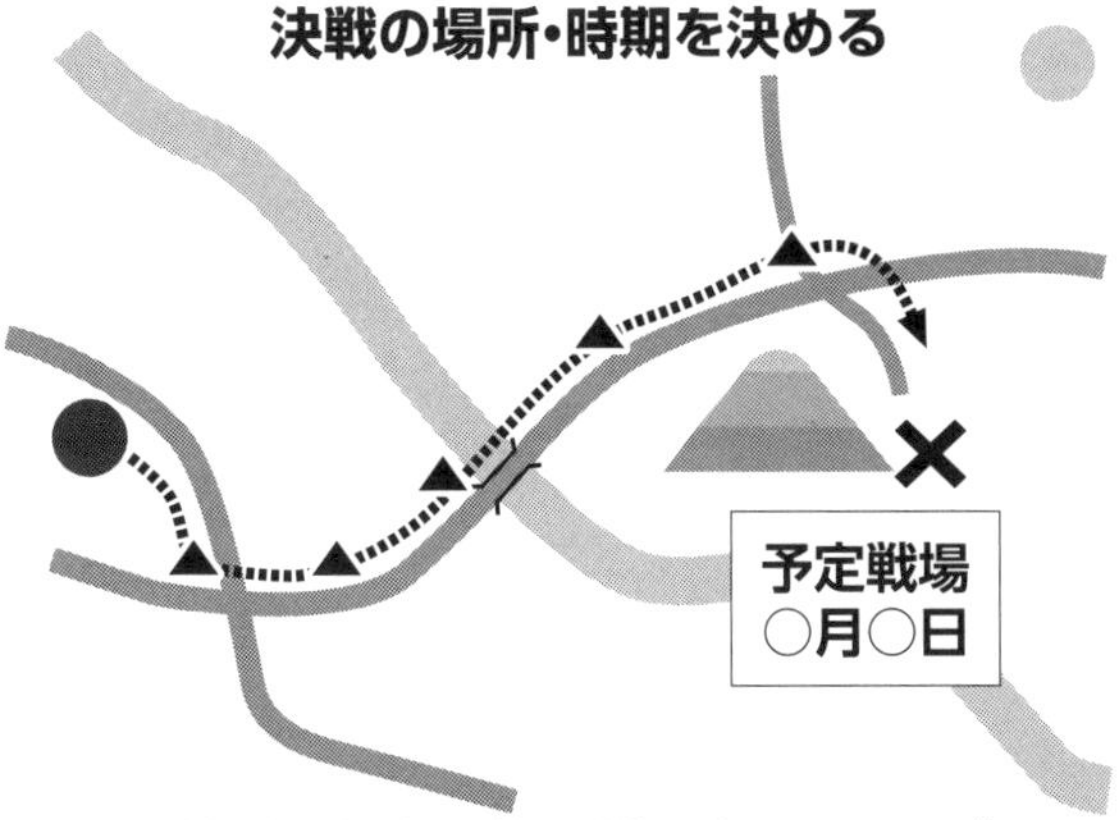
決戦の場所・時期を決める
予定戦場
○月○日
戦う場所を知り戦う時期を知っていれば
千里の道程でも敵と交戦してよい

解説

古来より敵の情報を得るためにさまざまな方法が取られた。あまり褒められた方法ではないが、相手をつついてどのような行動に出るかを知ろうとするのは、現代でもよくあることだ。

大切なのはつつかれても動じないことである。『孫子』では、自分の本当の姿を偽って相手が恐れる姿を演じることさえも一つの戦略として紹介している。無駄に動じてしまうと、逆に小さく見られ、弱みを握られてしまうのだ。

おごらず正しく敵を恐れ、正しい情報のもとに適切に対処すれば勝利がつかめるだろう。

10 臨機応変に戦え

故に兵を形《あらわ》すの極は、無形に至る。無形なれば、則ち深間《しんかん》も窺《うかが》うこと能わず、智者も謀《はか》ること能わず。形に因《よ》りて勝を衆に錯《お》くも、衆は知ること能わず。人皆な我が勝の形を知るも、吾が勝を制する所以《ゆえん》の形を知ること莫《な》し。故に其の戦い勝つや復《くりかえ》さずして、形に無窮に応ず。

（第六　虚実篇）

大意

軍の形、つまり態勢の極致は「無形」である。陣形が無形であるなら潜入した敵の間諜でも実情を探り出すことができない。智謀に長けた者でも対策を講じること

状況に応じて絶えず変化する
軍の態勢の理想は無形
敵のスパイでも実情を探りだすことができない
敵の智者でも対抗する作戦を考えだすことができない

ができない。陣形がわかると、それに応じて対策し勝利を手にできるが、兵にはその勝つ理由はわからない。勝利の事実を知ってはいるが、どのように勝利したのかはわからない。つまり、このような戦法は決まった形がなく、情況に応じて変えることができるのだ。

解説

形だけを真似ても勝利は難しい。臨機応変に形を変えて戦える者こそが、本物の強さを持っているのだ。

ビジネスでも、マニュアルや常識にとらわれず臨機応変に対応したり、状況に適応できる者が生き残る。長く存続したいなら適応力を身につけなければならない。

11 適応し続ける者が勝つ

夫れ兵の形は水に象《かたど》る。水の行は高きを避けて下《ひく》きに趨《おもむ》く。兵の形は実を避けて虚を撃つ。水は地に因《よ》りて行を制し、兵は敵に因りて勝を制す。故に兵に常勢なく、常形なし。能く敵に因りて変化して勝を取る者、これを神《しん》と謂う。故に五行《ごぎょう》に常勝なく、四時に常位なく、日に短長あり、月に死生あり。

（第六　虚実篇）

大意

軍の形とは水の形のようなものが理想である。水の流れは高いところから低いところへ向かうが、このように軍の形も敵が備えている実（充実しているところ、強

軍の形（作戦）は水の流れ

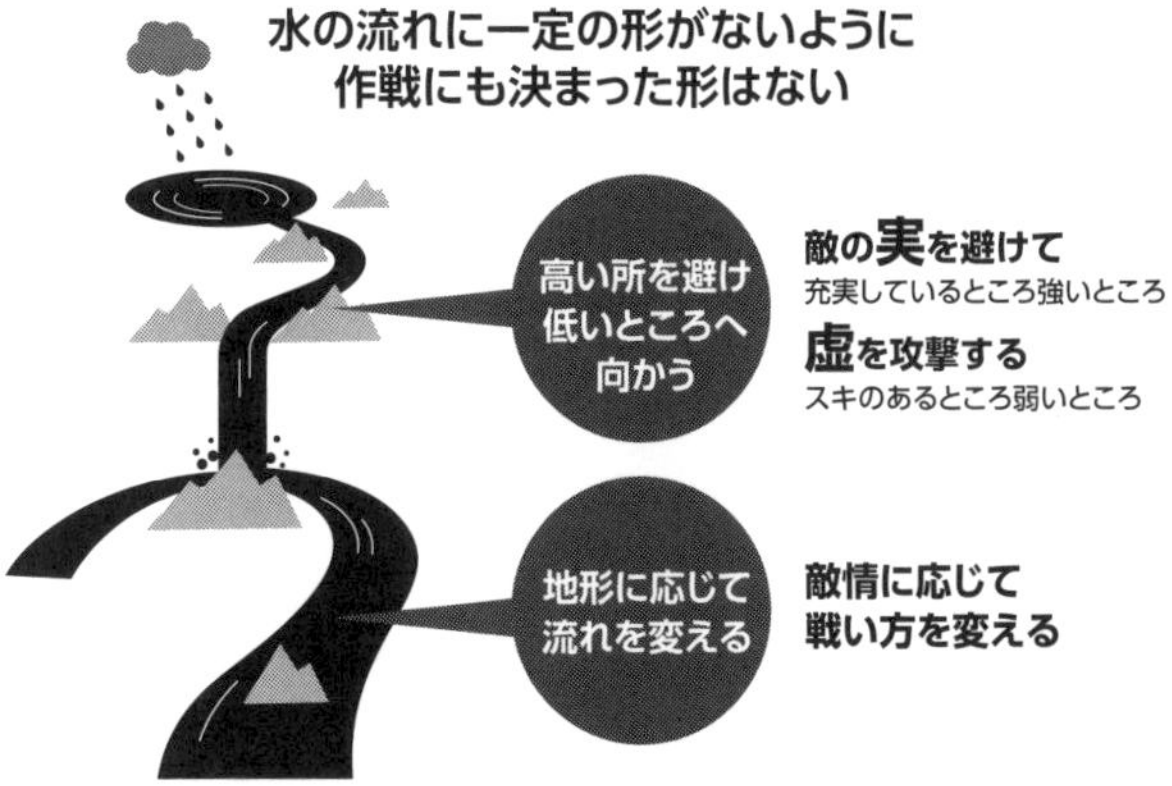
水の流れに一定の形がないように
作戦にも決まった形はない
高い所を避け
低いところへ
向かう
敵の実を避けて
充実しているところ強いところ
虚を攻撃する
スキのあるところ弱いところ
地形に応じて
流れを変える
敵情に応じて
戦い方を変える

いところ）を避けて虚（隙のあるところ、弱いところ）を攻撃する。水は地形に沿って流れを変えるが、軍の形も敵の状況に合わせて戦い方を変えて勝利する。このように、水の流れに一定の形がないように、軍の形も決まっていないのである。敵の状況に合わせて戦い方を変化させて勝利を手に入れるのが、人智の及ばない神秘というものだ。木、火、土、金、水の五行で一つだけでいつまでも勝つということはなく、四季も一つだけに留まっていることはない。日の出ている時間も長くなったり短くなったりし、月も満ちたり欠けたりするのである。

解説

競争においては、自分と相手の両者に、共通して変わらない条件がある。それは、互いのいる状況は不変ではないということだ。なので、水が地形に合わせて流れるように、作戦は状況に応じて常に有利に変化させなければ勝利を得られない。比較して適応力が高いほうが生き残るのだ。

現代社会でも、変化に対応できない者は生き残ることができない。特にテクノロジーが発展した昨今では、様々な変化に適応することがライバル企業との競争以上に生き残ることにおいて重要な場合がある。たとえば、「コロナ禍」のような感染症のまん延による大きな社会の変化もあれば、国によっては一夜にして政治・経済のあり方が変わることもある。

変化に適応する力は、競争力であると言っても過言ではない。

12
相手の先を行け

孫子曰《いわ》く、凡《およ》そ用兵の法は、将《しょう》、命《めい》を君より受け、軍を合し衆を聚《あつ》め、和《か》を交《まじ》えて舎《とど》まるに、軍争より難《かた》きは莫《な》し。軍争の難きは、迂《う》を以て直《ちょく》と為《な》し、患《かん》を以て利と為す。故に其の途《みち》を迂にしてこれを誘うに利を以てし、人に後《おく》れて発して人に先んじて至る。此れ迂直の計を知る者なり。軍争は利たり、軍争は危たり。軍を挙げて利を争えば則ち及ばず、軍を委《す》てて利を争えば則ち輜《し》重《ちょう》捐《す》てらる。軍に輜重なければ則ち亡《ほろ》び、糧食なければ則ち亡び、委積《いし》なければ則ち亡ぶ。

（第七　軍争篇）

不利な立場を有利にする

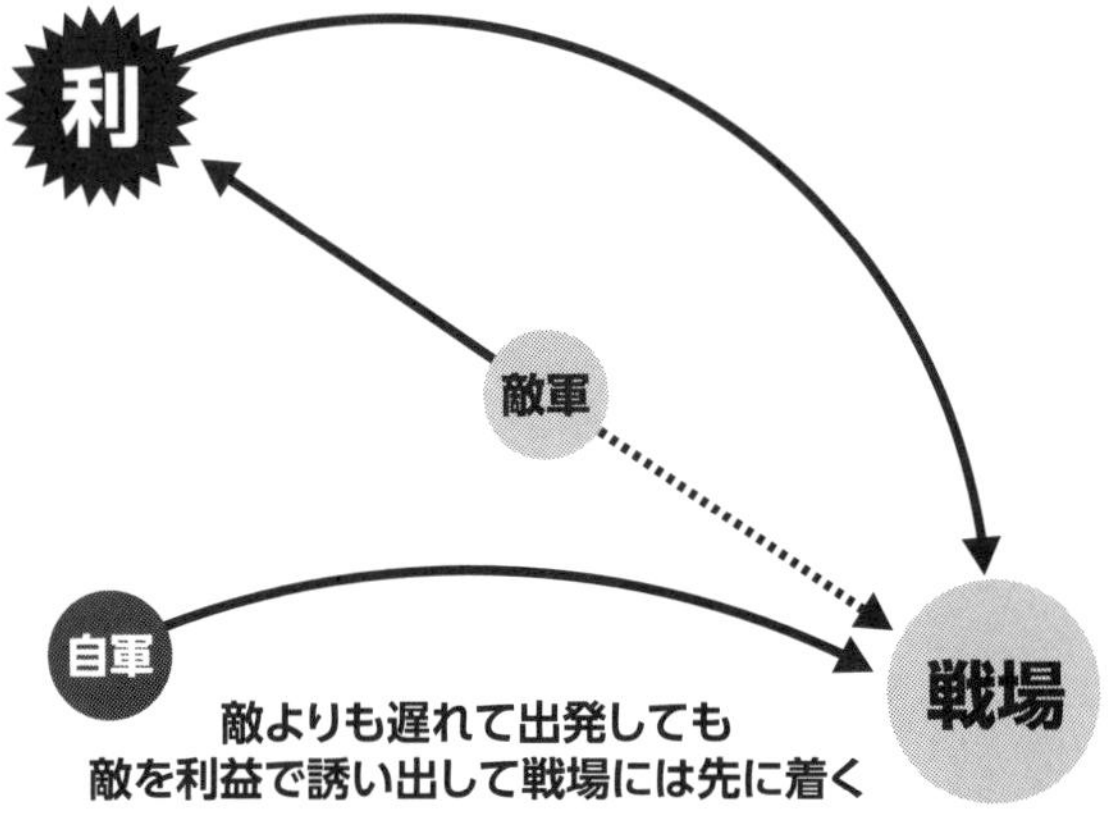

利
敵軍
自軍
戦場
敵よりも遅れて出発しても
敵を利益で誘い出して戦場には先に着く

大意

戦争の法則の中で、機先を制する争いほど難しいものはない。なぜ難しいかといえば、遠回りの道でも真っすぐの近道にし、害のあることを利益に変えるためである。遠回りの道をゆっくり進んでいるように見せかけて、敵を誘い出して進軍を邪魔し、敵よりも後から出発して敵よりも先に着く。これが「遠近の計」、遠回りの道を近道に変える計略である。

軍争は利を手にするものだが、危険でもある。全軍を挙げて有利な地を支配しようとして進軍しても、素早く行動できないため敵よりも遅れる。全軍ではなく一部の部隊だけで先を急げば、物資を運ぶ輜重隊はついてこれないだろう。軍隊に輜重が備わっていなければ敗北し、兵糧がなければ敗北し、財貨がなければ敗北するものだ。

解説

準備ができていないうちに戦いが始まったり、競争を仕掛けられることがビジネスの世界でもある。当然、こちらに準備ができていなければ、不利な立場に立たされることになる。しかも、それをそのままにしていては勝利することはとても難しくなるだろう。なので、何においても先を制するということが大切なのだ。

しかし、優位に立つことを急ぐあまり失敗してしまうと、本末転倒なことになってしまうので気をつけよう。

13 変幻自在に対応せよ

故に兵は詐《さ》を以て立ち、利を以て動き、分合を以て変と為《な》す者なり。故に其の疾《はや》きことは風の如く、其の徐《しずか》なることは林の如く、侵掠《しんりゃく》することは火の如く、知り難きことは陰の如く、動かざることは山の如く、動くことは雷の震《ふる》うが如くして、郷を掠《かす》むるには衆を分かち、地を廓《ひろ》むるには利を分かち、権を懸《か》けて而して動く、迂《う》直《ちょく》の計を先知する者は勝つ。此れが軍争の法なり。

（第七　軍争篇）

風林火山

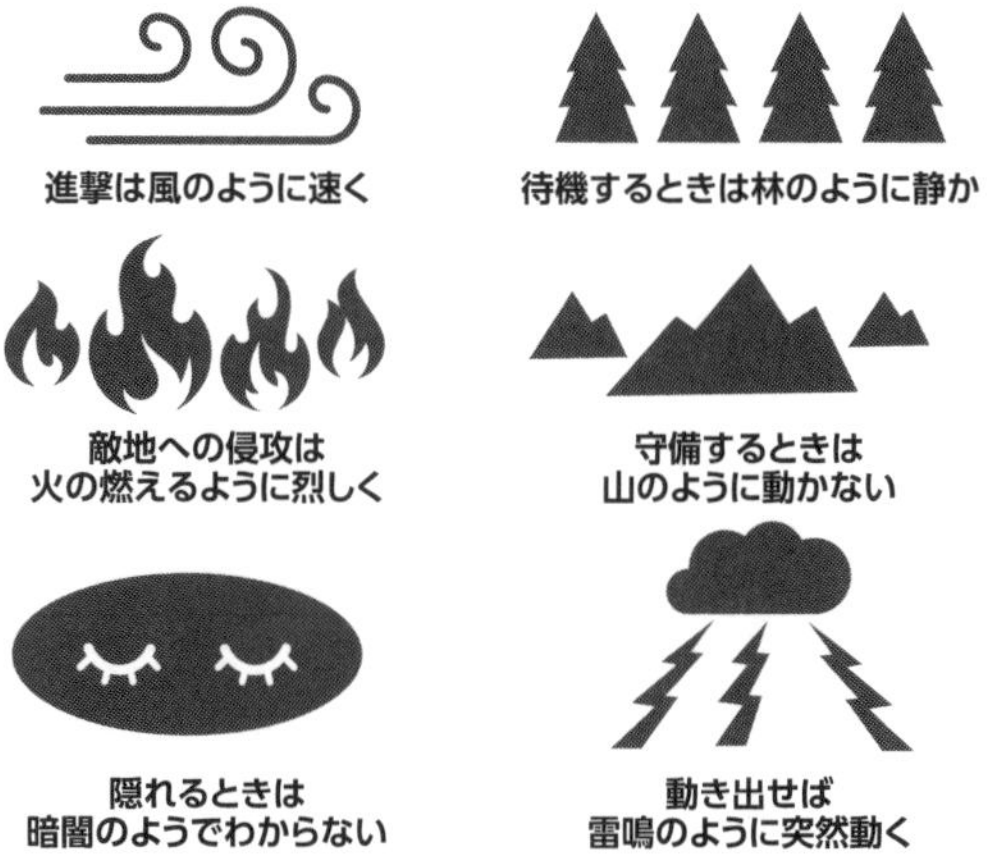
進撃は風のように速く
待機するときは林のように静か
敵地への侵攻は
火の燃えるように烈しく
守備するときは
山のように動かない
隠れるときは
暗闇のようでわからない
動き出せば
雷鳴のように突然動く

大意

戦争とは敵を欺くことを中心とし、利益を求めて行動し、軍は分散や集合をして、形を様々に変化させるのである。だから風の如く迅速に速く、林の如く静かに待機し、火が燃える如く収奪し、暗闇の如くわかりにくくし、山の如くどっしりと動かず、雷鳴の如く激しく動くのだ。村を襲い食料を集めるときは兵士を手分けし、勢力を拡大するため土地を支配するときは土地の要所を分散し、あらゆることをよく計算し、考え尽したうえで行動する。敵に先んじて「遠近の計略」、つまり遠い道を近い道に転ずる戦略を知る者が勝利するのである。

解説

武田信玄の軍旗に書かれたことで有名な「風林火山」は、『孫子』から引用されたものだ。「疾きこと風のごとく、徐かなること林のごとく、侵掠すること火のごとく、動かざること山のごとし」は多くの人が聞いたことがあるだろう。これらは敵を欺きながら変幻自在に対応することを表している。絶えず変化しながら、勝利を追求するという考え方だ。

「変化に適応する力は、競争力であると言っても過言ではない」と40ページで解説したが、変化して対応する力は、たとえ悪い状況でもそれを覆したり、不利を有利に転じさせる力なのだ。

14 優位に立つにはコンディションを整えろ

故に三軍には気を奪うべく、将軍には心を奪うべし。是《こ》の故に朝の気は鋭《えい》、昼の気は惰《だ》、暮れの気は帰《き》。故に善く兵を用うる者は、その鋭気を避けて其の惰帰を撃つ。此れ気を治むる者なり。治を以て乱を待ち、静を以て譁《か》を待つ。此れ心を治むる者なり。近きを以て遠きを待ち、佚《いっ》を以て労を待ち、飽《ほう》を以て飢《き》を待つ。此れ力を治むる者なり。正々の旗を邀《むか》うること無く、堂々の陳《じん》を撃つこと勿《な》し。此れ変を治むる者なり。

（第七　軍争篇）

気力・心・力・変化を治める

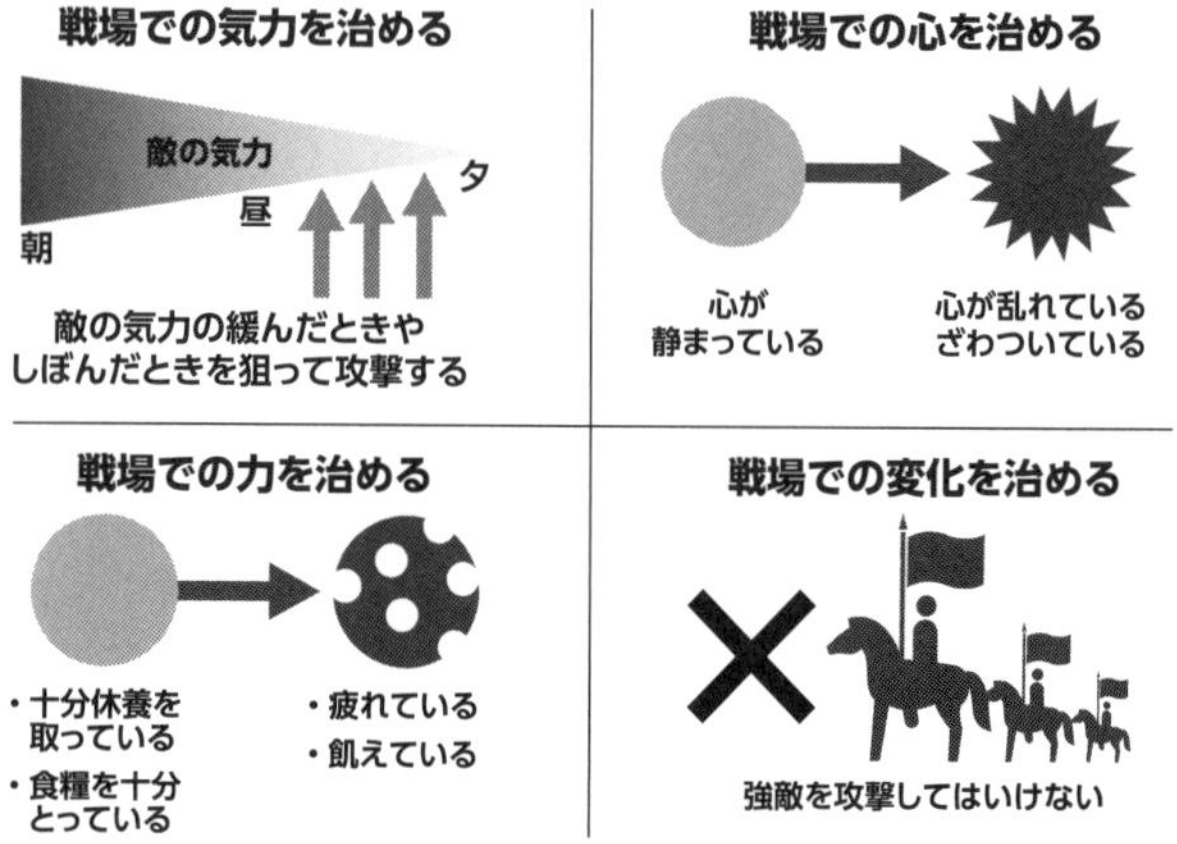
戦場での気力を治める
敵の気力
朝
昼
夕
敵の気力の緩んだときや
しぼんだときを狙って攻撃する
戦場での心を治める
心が
静まっている
心が乱れている
ざわついている
戦場での力を治める
・十分休養を
取っている
・食糧を十分
とっている
・疲れている
・飢えている
戦場での変化を治める
強敵を攻撃してはいけない

（一丸となった軍隊は）敵兵の気力を奪い、敵の将軍の心を乱すことができる。

大意

朝は気力が鋭く、昼は気力が緩み、夕暮れは気力が尽きてしまうものだが、戦巧者は敵の気力が充実した時間を避けて、気力が緩み、もしくは尽きてしまったところを攻めるのである。それによって敵軍の気力を奪い、敵に打ち勝つのである。また、自軍が整然となっている状態で混乱している敵に当たり、自軍が心を静めた状態で心がざわついている敵に当たる。それが敵兵の心を乱し、敵に打ち勝つ方法である。そして、戦場の近くに陣を敷き遠来からの敵を待ち受け、自軍は十分に休養を取った状態で疲れた敵に当たったり、食糧を十分とった状態で飢えた敵に当たったりする。これは心のうえで敵に打ち勝つ方法だ。また、整然と旗が並ぶ軍には戦いを仕掛けず、堂々重厚な布陣の敵には攻撃を仕掛けてはならない。それが敵の異変を待って、その変化について打ち勝つということである。

解説

戦場において、勝敗は兵力のみですべてが決まる訳ではない。気力や体力の衰えたところを攻撃するようにし、それでも強大な敵に対しては戦いを避け、作戦を敵の状態に合わせて変化させなくてはいけない。

敵に負けず戦いに勝つためには、大前提として、自分たちの気力や体力も整えておかなければならない。

これは現代においてもそうだ。仕事だけではなく、人生の大切な節目やイベントで、コンディションが整っていなかったばかりに失敗してしまうことがある。目標への到達のためには、走り続けるだけではなく、肝心なときに転ばないための適切な保養もしていくべきだろう。

15 弱っている相手につけこんではいけない

孫子曰《いわ》く、凡《およ》そ用兵の法は、高陵に向かうこと勿《なか》れ、背丘《はいきゅう》には逆《むか》うること勿れ、絶地には留まること勿れ、佯北《しょうほく》には従うこと勿れ、鋭卒には攻むること勿れ、餌兵《じへい》には食らうこと勿れ、帰師には遏《とど》むること勿れ、囲師には必ず闕《か》き、窮寇《きゅうこう》には迫《せま》ること勿れ。これ用法の法なり。

（第八　九変篇）

大意

孫子が言うことには、戦争の法則としては、高地に陣を敷く敵を攻撃してはいけない。丘（高地）を背後にして攻めてくる敵を迎え撃ってはいけない。地形の険し

軍隊を動かす原則

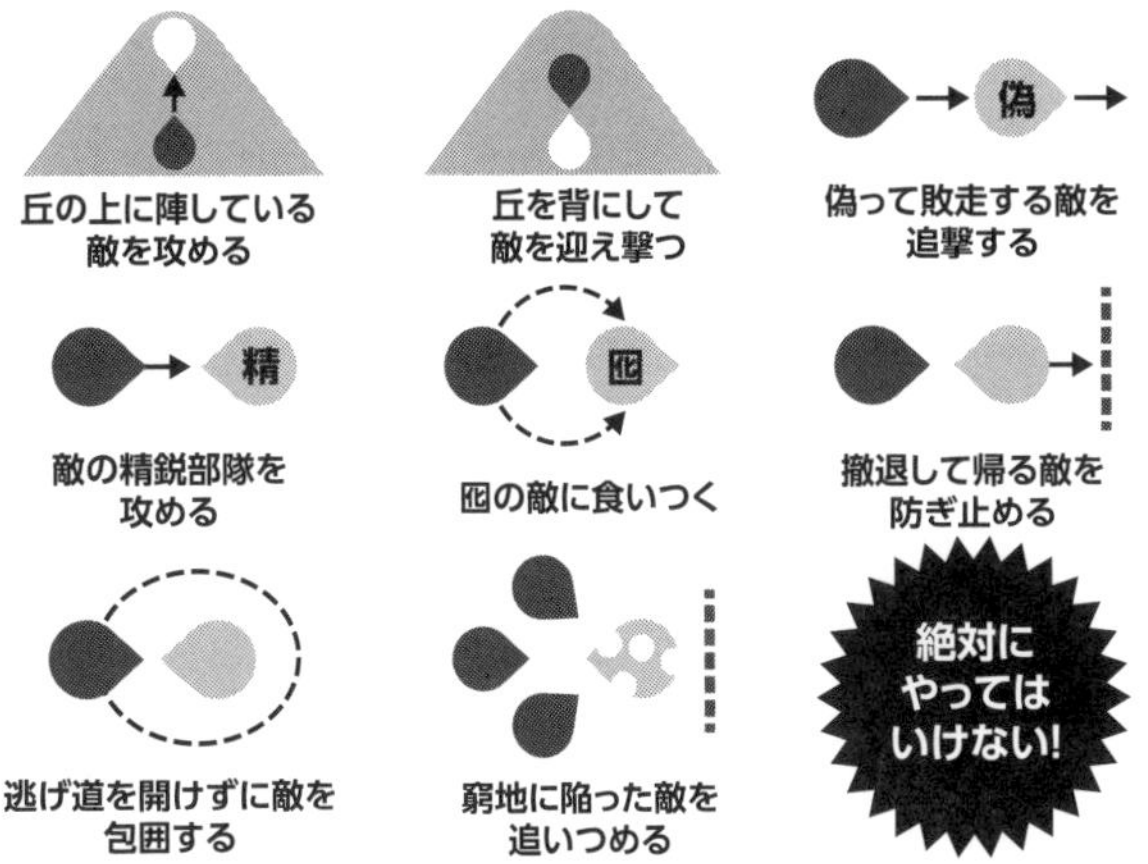

い場所に陣を敷く敵とは長く戦ってはいけない。敵の偽りの退却にだまされて追撃してはいけない。敵の精鋭部隊を攻撃してはいけない。こちらを釣ろうとする囮の兵を攻撃してはいけない。母国に退却する敵の兵と長く戦ってはいけない。包囲した敵には必ず逃げる口を開けておき、進退の窮まった敵を追い詰めてはいけない。このように、定石とは異なる対応が戦争の原則である。

解説

「窮鼠猫を噛む」ということわざがある。地の利を得られないなど相手の分が悪かった場合、その窮地につけこもうとすると、逆にこちらが攻撃され痛手を受けることがある。油断せず、最後まで注意するべきだ。

16 敵の動向から内情を推し量る

敵近くして静かなる者は其の険を恃《たの》むなり。敵遠くして戦いを挑《いど》む者は人の進むを欲するなり。其の居る所の易《い》なる者は利あるなり。衆樹の動く者は来たるなり。衆草の障《おおい》多き者は疑《ぎ》なり。鳥の起《た》つ者は伏なり。獣の駭《おどろ》く者は覆《ふう》なり。塵《ちり》高くして鋭き者は、車の来たるなり。卑《ひく》くして広き者は、徒の来たるなり。散じて条達する者は樵採《しょうさい》なり。少なくして往来するは軍を営《いとな》むなり。

（第九　行軍篇）

大意

敵軍が近くに居ながら静まっているのは、布陣している地形の険しさを頼りにして、こちらを誘い出そうとしているからである。敵が遠くにいながら交戦を挑んでくるのは、こちらの進撃を望んでいるからである。敵が平地に陣を敷いているのは、こちらに攻めやすい隙を示して誘い出そうとしているからである。多くの木々が揺れ動くのは、敵が進撃しているからである。草を結ぶなどの罠を仕掛け、それを隠しているのは、伏兵がいるように見せかけ、こちらを惑わそうとしているからである。鳥が飛び立つのは伏兵がいるからである。獣が驚いて走り出すのは敵が奇襲を仕掛けてくるからである。砂塵が高く上がり砂煙の前方が尖っているのは、戦車が攻めてくるからである。砂塵が低く広がっているのは、歩兵が攻めてくるからである。砂塵がまばらに上がり、縦や横に細く伸びているのは、敵が薪などの燃料を集めているからである。砂塵が立ってあちこち動くのは、斥候《せっこう》が動いて軍営を設置しているからである。

解説

ビジネスでも相手の動向からどのような状況に置かれているかがわかる。たとえば急に担当者や対応の仕方が変わったり、ホームページにアクセスしてもエラーが出るなど、ちょっとしたことでも「人が足りていない」ということや、「サーバーのレンタル料金も払えないほどの経済状況なのか」といった推察ができる。

特に金銭に関する取り決めに関して、急に対応を求めてくるようなことがあれば、そもそも相手はビジネスが成り立たない状況かもしれない。

相手を知るにはよく観察をすることだ。そうすると逆に、相手の困りごとがわかりビジネスチャンスにつなげられる可能性もある。

よく観察する

敵の進撃

ワナである

伏兵がいる

奇襲をかけられている

敵が攻めてきている

17

隙をついて確実に勝利する

故に兵を為すの事は、敵の意を順詳するに在り、敵を并《あわ》せて一向《いっこう》し、千里にして将を殺す。比れを巧みに能《よ》く事を成す者と謂う。

是の故に政《せい》の挙《おこ》なわるるの日は、関《かん》を夷《とど》め符を折《くだ》きて、その使を通ずること無く、廊廟《ろうびょう》の上に厲《きび》しくして以て其の事を誅《せ》む。敵人開闔《かいこう》すれば必ず亟《すみや》かにこれに入り、其の愛する所を先きにして微《ひそ》かにこれと期し、践墨《せんもく》して敵に随《したが》いて以て戦事を決す。是の故に始めは処女の如くにして、敵人、戸を開き、後は脱兎《だっと》の如くにして、敵拒《ふせ》ぐに及ばず。

（第十一　九地篇）

敵が防げない攻撃の仕方

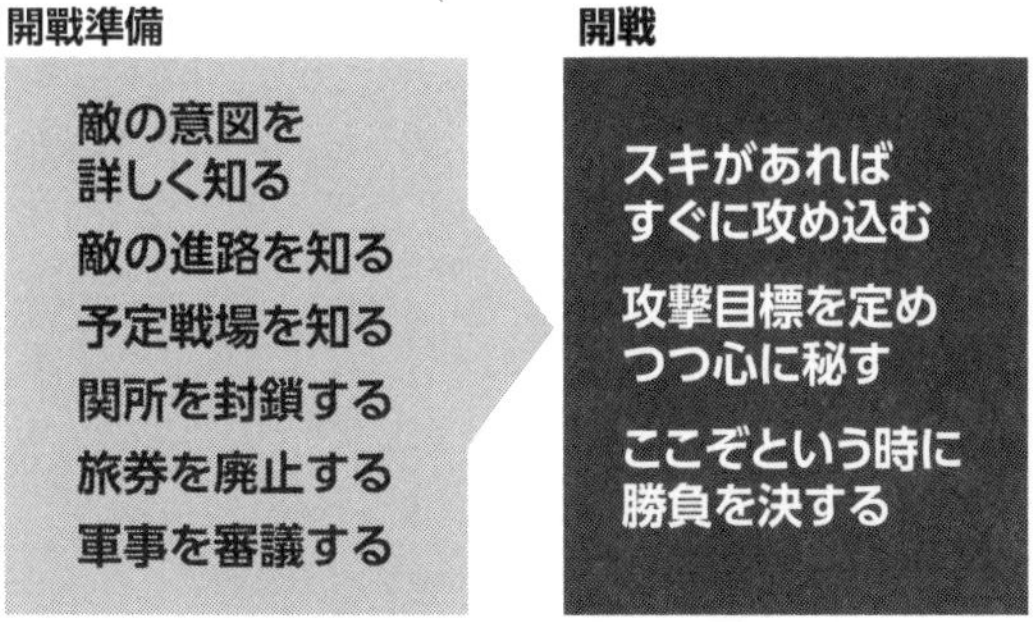
開戦準備
敵の意図を詳しく知る
敵の進路を知る
予定戦場を知る
関所を封鎖する
旅券を廃止する
軍事を審議する
開戦
スキがあればすぐに攻め込む
攻撃目標を定めつつ心に秘す
ここぞという時に勝負を決する

始めは処女のようにふるまい
後に脱兎のごとく攻撃する

大意

戦争を行ううえで重要なことは、敵の意図を詳しく把握することである。敵の意図を十分に理解したうえで進軍し、自国から千里も先の遠方で敵の将軍を討ち取る。これが巧みに戦争を成し遂げるということである。

このように、開戦となれば敵国との関所を封鎖し、旅券を廃止し、国の使節の往来を止め（情報漏れを防ぎ）、朝廷で厳粛に軍事を審議する。敵に隙が見えればすぐに攻め入り、敵の重要な土地を第一の攻撃目標としつつも、それは密かに心の中で決めておき、敵の状況に応じて動きながら、ここぞというときに一戦を挑み勝負を決するのである。このように、始めは処女のようにおとなしくふるまい、後に脱兎のごとく攻撃すると、敵はそれを防ぎきれるものではない。

解説

『孫子』には現代の日本人もよく知っているフレーズがいくつかある。44ページで紹介した「風林火山」もそうだが、「始めは処女の如く、後は脱兎の如し」(始めの内は弱々しく見せ油断させるが、後には見違えるほどの実力を発揮すること)は日本ではことわざ(故事成語)の一つとなっている。

さて、敵の油断を誘い、虚をつく作戦は現代でも行われている。たとえば、普通の企業でも他社と競合する際は、少しでも抜きんでるように、協力者と水面下で交渉を進めることがある。金融の世界や、国家の外交でも行われることだ。

うまくいけば大きな成果が得られる作戦なので、ここぞというところで勝負に出られるように、力を蓄えておこう。

コラム　逃げることも勇気

会社内での人間関係で、仕事をする中で、家族・友人との関係で、など……生活するうえではあらゆる「嫌なこと」がある。それらに逃げずに立ち向かうことはもちろん素晴らしい。しかし、場合によっては耐えたり、頑張ったりすることだけがよいわけではない。

『孫子』では、「百戦百勝は、善の善なる者に非るなり。戦わずして人の兵を屈するは、善の善なる者なり」（戦えば必ず勝つ、「百戦百勝」が最高に優れた戦い方ではない。最もよい方法は、敵兵と戦わずして屈伏させる戦い方である）という言葉に代表されるように、「戦わずして勝つ」というのが基本的な考え方だ。相手の力と自分の力の差を見極め、勝てる見込みがないようであれば撤退を考えることは決して恥ずかしいことではない。

逃げることで失望されてしまうのではないか、などと考える人もいるかもしれない。しかし、「逃げることも勇気」なのである。あらゆることから逃げてはいけない、という考え方に固執せず、逃げる対象と自分の力を客観的に判断しよう。そして、上手に逃げる方法も『孫子』から学んでほしい。

18

情報を集めて勝利をつかむ

孫子曰《いわ》く、凡《およ》そ師を興すこと十万、師を出だすこと千里なれば、百姓《ひやくせい》の費《ひ》、公家の奉《ほう》、日に千金を費し、内外騒動して事を繰《と》るを得ざる者、七十万家。相い守ること数年にして、以て一日の勝を争う。而るに爵禄、百金を愛《おし》んで、敵の情を知らざる者は、不仁の至りなり。人の将に非ざるなり。主の佐に非ざるなり。勝の主に非ざるなり。

故に明主賢将の動きて人に勝ち、成功の衆に出《い》ずる所以《ゆえん》の者は、先知なり。先知なる者は、鬼神に取るべからず、事に象《かたど》るべからず。度に験すべからず。必ず人に取りて敵の情を知る者なり。

（第十三　用間篇）

大意

孫子が言うことには、およそ十万の軍隊を動かして千里の先まで攻め入ったとすると、民衆や国の出費は一日に千金もの大金となる。国の内外ともに大騒ぎとなり、国の根本たる農業に励めない者が七十万家にも達することになる。こうした状態で数年にわたって対峙し続けて一日の勝負を争うのだ。このように戦争とは国の基盤に関わる重要なことである。それなのに間諜に爵位や俸禄、百金などを与えることを惜しみ、敵の情報を探ろうとしないのは、不仁、つまり民衆への愛、慈しみがないことが甚だしい。これでは、民衆の将軍とはいえず、君主の補佐役とはいえず、勝利を手にする主とはいえない。

だから、賢明な主君や優れた将軍が行動を起こして敵を打ち破り、抜きんでた成功を勝ち取ることができるのは、間諜からあらかじめ敵の情報を握っているからである。あらかじめ情報を知るということは、鬼神に頼ったり、祈祷や卜占の結果ではなく、過去のできごとから類推して得られるものでもなく、自然の摂理によって類推できるものでもない。必ず人、つまり間諜の働きによって敵の情報を知るのである。

解説

　スパイと言うほどではないが、現代のビジネスでも合法的に情報提供をしてくれる協力者は多くいる。質の高い情報をいかに集められるかが大切な時代なので、彼らを用いてライバルや業界の情報を収集することは有効な手である。

　ところで、情報を教えてくれるのは何も人だけではない。現代における一流のスパイは、新聞や刊行物の記事などもよく読んでいるといわれている。これらは〝OSINT《オシント》〟（オープン・ソース・インテリジェンス）と呼ばれる手法だ。

　公開されている情報の中に、本当に自分が必要としている内容が存在していることもあるかもしれない。情報を検索する際、工夫してみてほしい。

　こういった適切に情報を収集し、評価した上で活用する能力を「情報リテラシー」という。現代のビジネス戦略では必須となる能力だろう。

敵の情勢を知る価値

敵の情報を探ろうとしないのは、民衆の苦労を無にしてしまう

必ずスパイの働きによって敵の情報を知ることができる

19 優れた家臣、将軍は優れたスパイでもある

昔、殷《いん》の興るや伊摯《いし》夏《か》に在り。周の興るや、呂牙《りょが》殷に在り。故に惟《た》だ明主賢将のみ能く上智を以て間者と為して、必ず大功を成す。此れ兵の要にして、三軍の恃《たの》みて動く所なり。

（第十三　用間篇）

大意

殷王朝が天下を治めるようになったとき、伊摯（殷王朝建国の功労者）がスパイとして夏の国に入り込み、周王朝が天下を治めるようになったとき、呂牙（周王朝建国の功労者。太公望とも呼ばれる）がスパイとして殷の国に入り込んでいた。このように、

スパイの使い方

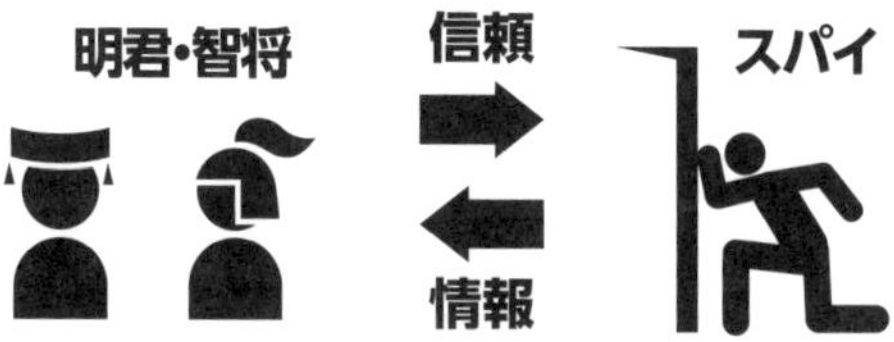

スパイを使う主君に必要なもの

①厚い恩賞	信頼性の高い情報が得られない
②優れた知恵	情報が使えない
③深い愛と情と義理	スパイを思い通り動かせない
④物事の機微を洞察する力	真実の情報を理解することができない

聡明な政治家や優れた将軍がスパイとして敵国に入り込んで、偉大な功績を成し遂げることができたのである。つまり、スパイこそが戦争の要であり、すべての軍はそれに頼って行動するのだ。

解説

孫子は、最初の「計篇」から最後の「用間篇」まで、一貫して「正しく情報を知る」ことの重要性を説いた。これは戦いに勝つための基本だと考えられる。

さらにその「正しい情報」を活用できるまで、応用してどんなときも敵を打ち破れるようになるまで、指導者としての能力を高めることを要求している。

こうして無駄な戦や無意味な戦争を強く否定し、被害が少なく、勝つべくして勝つためあらゆる策を講じることを説くのである。

コラム

春秋戦国時代を彩る諸子百家

孫子が活躍した紀元前五世紀頃、封建制度によって国家を維持していた周がその勢力を失った。各地で諸侯が対立し、戦争をしては滅び、また新しい勢力が起こる時代である。この時代の前半は春秋時代、後期は戦国時代と呼ばれている。群雄が割拠する中、どの諸侯も他の諸侯たちをおさえ頂点に立とうとしていた。彼らは生き残るため、国の政策の基盤をなす思想家を宰相や軍師のポジションで採用した。この時代に登場した思想家たちは総称して「諸子百家」と呼ばれている。主だった諸子百家を紹介すると次のようになる。

・儒家（大きな影響を後世にまで残した学派で孔子がはじめた。周の時代の礼と仁を重要視）
・道家（儒家とともに後世に影響を残した。祖の老子は道に従い生きることを説いた）
・墨家（墨子は侵略を否定し、非戦を説いた。小国を守るために命を犠牲にしたという）
・法家（韓非子で知られる。信賞必罰で国を統治する法治主義を唱えた）

なかでも、儒家と道家は激しく対立した。もともと、いち早く国家の基本思想となった儒家と民間で広まっていた道家とは、相容れなかったのである。

第2章

作戦の心得

1 計画勝ちせよ

夫《そ》れ未《いま》だ戦わずして廟算《びょうさん》して勝つ者は、算を得ること多ければなり。未だ戦わずして廟算して勝たざる者は、算を得ること少なければなり。算多きは勝ち、算少なきは勝たず。而るを況《いわ》んや算なきに於《お》いてをや。吾れ此れを以てこれを観るに、勝負見《あら》わる。

（第一　計篇）

大意

昔から開戦前に宗廟で目算する（熟慮する）のは、五事七計（118ページから123ページにて解説）によって勝つ可能性が高いからだ。目算して勝てないのは、

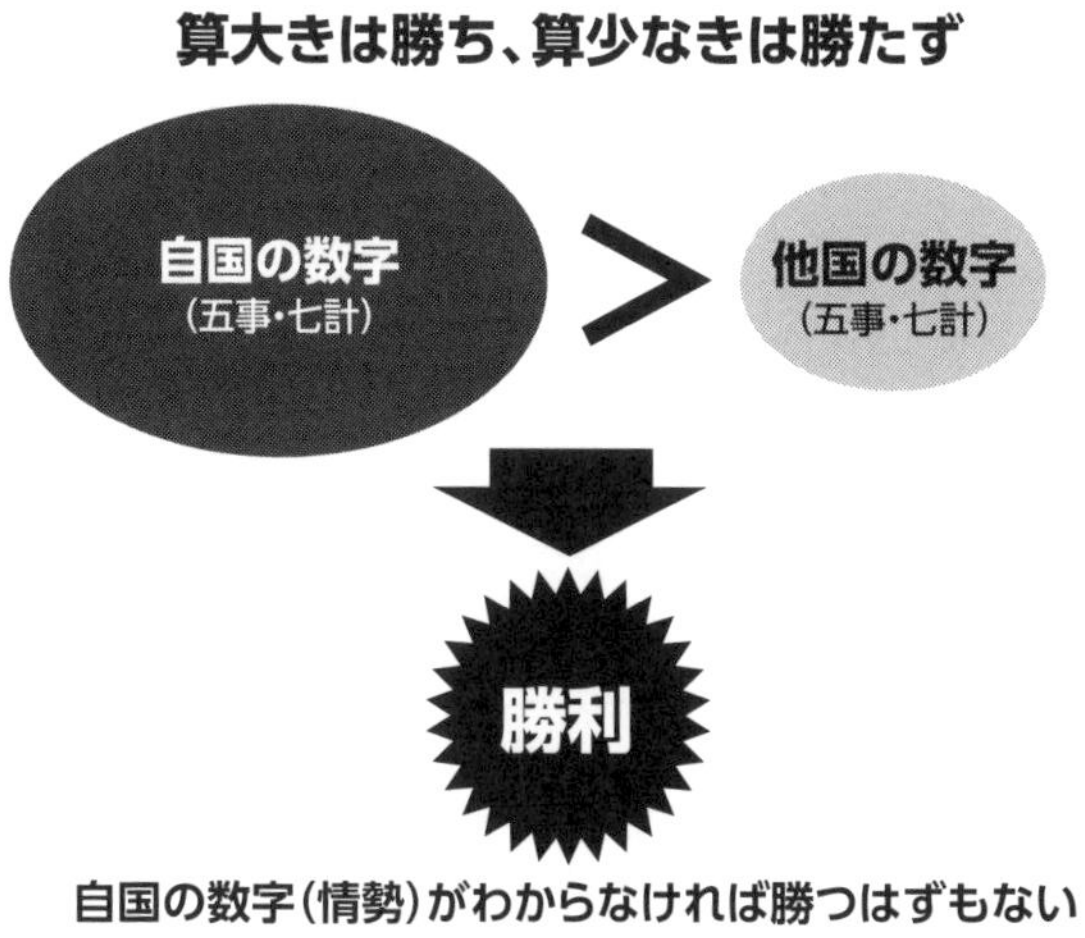

五事七計によって勝つ可能性が少ないからだ。可能性が低ければ勝てないのは当然で、まして可能性が全くないというのであればなおさらだ。このように廟算を踏まえ、事前に勝敗を知るのだ。

解説

戦いは気力だけでは勝てない。勝つための合理的な根拠でもって戦うべきだ、と孫子は述べる。戦場では、その人のやる気を評価して、敵が手を緩めることはないからだ。

ビジネスも同じだ。経営上の判断や他社との競争においては、人員や資金のような限りあるリソースを割いてまで挑むべきか、どのくらい持ちこたえられるか、といった検証が必要だ。競争を勝ち抜いていくためには、必勝の策を立てて挑戦するということが重要なのだ。

2

惰性で戦い続ける組織は滅びる

孫子曰《いわ》く、凡《およ》そ用兵の法は、馳車千駟《ちしゃせんし》、革車千乗《かくしゃせんじょう》、帯甲十万《たいこうじゅうまん》、千里にして糧を饋《おく》るときは則ち内外の費、賓客の用、膠漆《こうしつ》の材、車甲の奉、日に千金を費やして、然《しか》る後《のち》に十万の師挙《あ》がる。其の戦いを用《おこ》なうや、久しければ則ち兵を鈍《つか》らせ鋭《えい》を挫《くじ》く。城を攻むれば則ち力屈《つ》き、久しく師を暴《さら》さば則ち国用足《た》らず。

（第二　作戦篇）

大意

孫子は言う。戦争の法則では、戦車千台、輜重車（物資を運ぶ車）千台、武装した兵士十万人で、千里もの遠方まで食糧を運ぶ場合は、国の内外での費用や外交の費用、ニカワや漆など武具の材料、戦車や鎧の補充など一日に千金もの大金をかけて、初めて十万の軍隊が動かせるのである。ただし、そういう戦いが長引けば、軍は疲弊してしまい、士気が低くなる。敵の城を攻めることになればさらに戦力を消耗するけれど、長い間軍隊を戦場に置くことは国の経済力を弱めることになる。

戦争による利益と害

早く切り上げる
勝ち方
＝
戦争による利益
完璧な勝利
＝
兵力・国力の
消耗

戦争による利益を最大にするためにも
持久戦を避け早く切り上げる勝ち方を目指すべき

解説

原文ではこの後に「兵は拙速なるを聞くも、未だ巧久なるを睹ざるなり。夫れ兵久しくして国の利する者は、未だこれ有らざるなり」（長引いてうまくいったことはまだないものだ。そもそも戦争が長びいて国家に利益があったことはないのである）と続く。完全に勝つよりも、早く切り上げる勝ち方を目指したほうがよいこともある。

3

人的損失の大きい戦争は最後の手段である

故に上兵は謀《ぼう》を伐《う》つ。其の次は交《こう》を伐つ。其の次は兵を伐つ。其の下《げ》は城を攻む。攻城の法は已《や》むを得ざるが為なり。櫓《ろ》、轒轀《ふんおん》を修め、器機を具《そな》うること、三月にして後《のち》に成る。距闉《きよいん》又た三月にして後に已《お》わる。将其の忿《いきどお》りに勝《た》えずしてこれに蟻附《ぎふ》すれば、士卒の三分の一を殺して而も城の抜けざるは、此れ攻の災《わざわい》なり。

（第三　謀攻篇）

最高の戦略とは

謀を伐つ　智謀で敵を破る

▼

交を伐つ　外交で敵を破る

▼

兵を伐つ　敵の軍隊を破る

▼

城を攻める　やむを得ない場合に限る

大意

最善の戦争は敵の智将を戦火を交える前に破ることだ。その次は敵と友好国の外交上の同盟関係を崩すこと。さらに次は敵の軍隊を戦いによって破ることだ。逆に最もまずいのは敵の城を攻めることである。武器を準備したり、攻撃用の陣地を築くのに時間がかかるのだ。すると将軍の怒りが次第に増し、一度に総攻撃をすることになれば、兵の三分の一が戦死しても城が落ちないということにもなりかねない。これが城攻めの危険なところである。

解説

戦場でもビジネスでも、敵の守りが固いところを攻めるときは、慎重に作戦を考えるべきだ。いつも力ずくで要求を押し通す人はいつか必ず足元をすくわれるだろう。

4 戦わず手に入れるのが最良の策

故に善く兵を用うる者は、人の兵を屈するも而も戦うに非ざるなり、人の城を抜くも而も攻むるに非ざるなり、人の国を毀《やぶ》るも而も久しきに非ざるなり。必ず全《まった》きを以て天下に争う。故に兵頓《つか》れずして利全くすべし。比れ謀攻の法なり。

（第三　謀攻篇）

大意

戦巧者は戦わずに敵兵を屈服させるけれども、敵と戦争するのではなく、敵の城を落としたとしても、城を攻めたわけではなく、敵の国を滅ぼしたとしても、長期

知謀をもって伐つとは

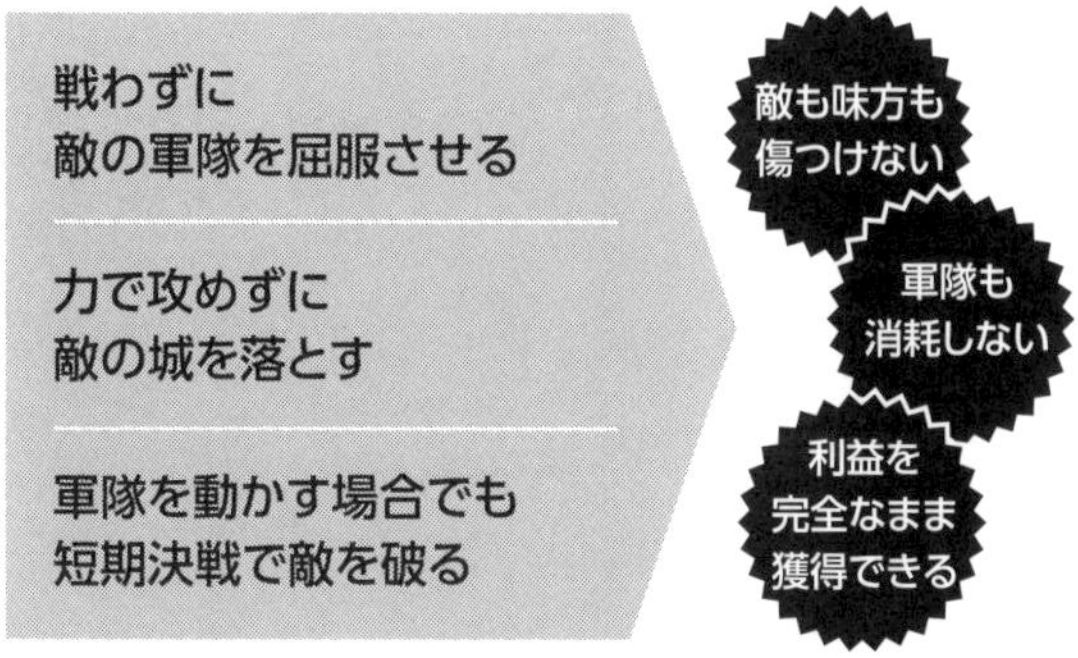
戦わずに
敵の軍隊を屈服させる
力で攻めずに
敵の城を落とす
軍隊を動かす場合でも
短期決戦で敵を破る
敵も味方も
傷つけない
軍隊も
消耗しない
利益を
完全なまま
獲得できる

自己コントロール力が必要

にわたる戦争によるものではない。必ず無傷で天下の勝利を争うのであり、そのため、自軍は疲弊せずに相手の利益をそのままで獲得できる。これが知謀をもって攻める法則である。

解説

ビジネスとは競争であるから、いつでも戦える準備は必要である。しかし、相手と力ずくの戦いをするようではいけない。

最もよいのは、自分も相手も傷つかずに勝利することである。これには強い力を備えるだけでなく、強力な自己コントロール力が求められる。

本当に実力のある人は、無闇に実力行使をするのではなく、最も損害の少ない方法を常に考え、それを実行する人のことを言う。

5 戦うに値するか調査せよ

兵法は、一に曰《いわ》く度《たく》、二に曰く量、三に曰く数、四に曰く称《しょう》、五に曰く勝《しょう》。地は度を生じ、度は量を生じ、量は数を生じ、数は称を生じ、称は勝を生ず。

（第四　形篇）

大意

戦いの原則は次の五つとなる。第一に度（物差しではかること）、第二に量（枡ではかること）、第三に数（数えてはかること）、第四に称（比較してはかること）、第五に勝（勝敗で考えること）である。戦場となる土地について、広さや距離で考える〝度〟という問題が起こり、度の結果、投入する物量を考える〝量〟という問題が起こり、量の結果

戦いの原則

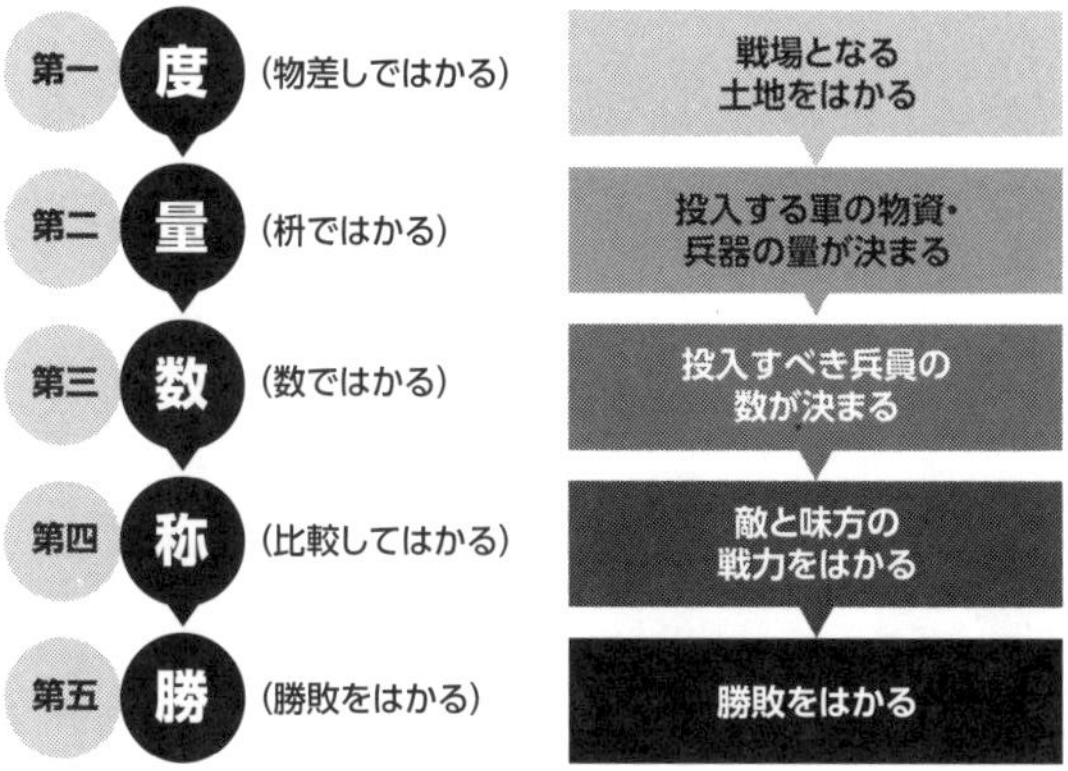

については動員する兵数を考える〝数〟という問題が起こり、数の結果について、敵軍と自軍の能力を比較して考える〝称〟という問題が起こり、称の結果については勝敗を考える〝勝〟という問題が起こるのだ。

解説

勝利が見込めない戦いはするべきではない、とこれまでも解説してきた。それでは、どのようにして勝つか、負けるかを判断すればよいのか。それには調査が必要だ。

現代でも新しい事業を始めるときには市場の調査を行う。どんな人が何を求めているのか、類似の商品と比較してどのように独自性を出せるか、といった点だ。もちろん、調査して「今は勝てない」と判断したら、戦うことは保留してもよいのだ。

6 こだわりを捨てて柔軟に対応せよ

凡《およ》そ戦いは、正を以て合い、奇を以て勝つ。故に善く奇を出《い》だす者は、窮《きわ》まり無きこと天地の如く、竭《つ》きざること江河の如し。終わりて復《ま》た始まるは、四時是れなり。死して復た生じるは、日月是れなり。声は五に過ぎざるも、五声の変は勝《あ》げて聴くべからざるなり。色は五に過ぎざるも、五色の変は勝げて観るべからざるなり。味は五に過ぎざるも、五味の変は勝げて嘗《な》むべからざるなり。戦勢は奇正に過ぎざるも、奇正の変は勝げて窮むべからざるなり。奇正の還《めぐ》りて相い生ずることは、環《かん》の端《はし》なきが如し。孰《たれ》か能《よ》くこれを窮めんや。

（第五　勢篇）

大意

戦いとは定石という正攻法でもって敵と交戦する。そして、状況の変化に応じて奇法（変則的な戦術）を効果的に使って敵に勝つのである。そのため、うまく奇法を用いる軍は、その変化は天地の運行のようにとどまることはなく、黄河や長江という大河の水のように尽きることはない。

四季は終わってまた始まることを繰り返す、太陽と月は暮れてまた明るくなる。音階は宮、商、角、徴、羽の五声、色は青、赤、黄、白、黒の五色、味は酸、辛、鹹、甘、苦の五味に過ぎないが、これらのそれぞれの組み合わせの変化は無限で、すべてを知り尽くせない。それと同じように、戦いの勢いは奇法と正法の二つに過ぎないが、この二つの交じり合った変化は無限でとてもきわめつくせない。奇法と正法が互いに出てくる、つまり奇の中に正があり、正の中に奇があるということは、丸い輪のように無限に循環するもので、それは誰にもきわめられるものではないであろう。

解説

戦いの準備は必ず勝つと言えるところまでやるが、実際の戦い方は正攻法と奇法・奇策を用いて行う。その戦術の組み合わせは無限である。

正々堂々と実力で勝つことは大切であるが、正攻法ばかりにこだわっていると、敵の奇襲にあったときに足をすくわれてしまう可能性がある。故に、柔軟な思考で状況を分析したり、作戦を考える必要がある。そうすることで、相手（敵）に「絶対かなわない」と思わせるほどの戦術を繰りだすことができるのだ。

ときには、常識にとらわれず、さまざまなアイデアを出してみよう。

正と奇

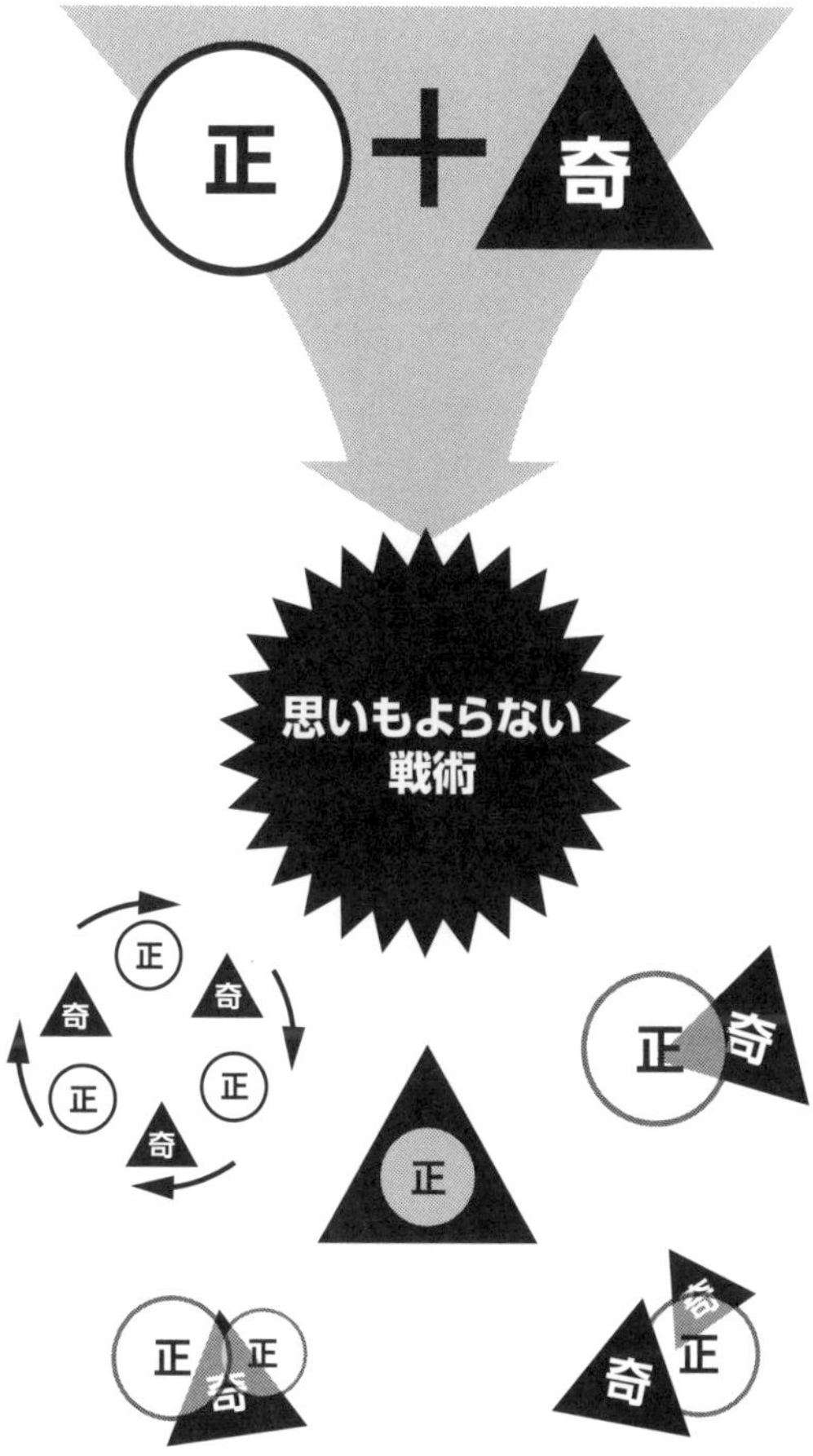

7 相手がやらないことをやる

其の必ず趨《おもむ》くところに出《い》で、其の意《おも》わざる所に趨き、千里を行きて労《つか》れざる者は、無人の地を行けばなり。攻めて必ず取る者は、其の守らざる所を攻むればなり。守りて必ず固《かた》き者は、その攻めざる所を守ればなり。故に善く攻むる者には、敵其の守る所を知らず。善く守る者には、敵其の攻むる所を知らず。微《び》なるかな微なるかな、無形に至る。神《しん》なるかな神なるかな、無声に至る。故に能く敵の司命《しめい》を為す。

（第六　虚実篇）

自軍の体勢を隠す（1）

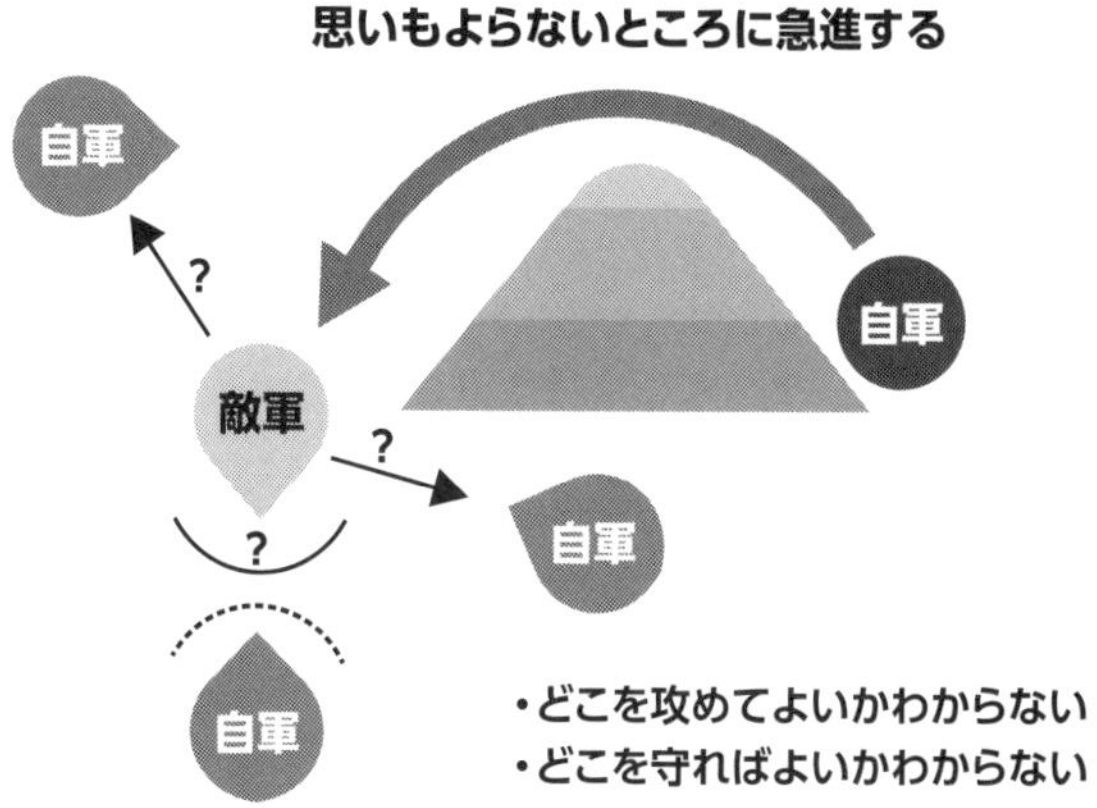
思いもよらないところに急進する
自軍
?
自軍
敵軍
?
?
自軍
自軍
・どこを攻めてよいかわからない
・どこを守ればよいかわからない

大意

敵が必ず駆けつけるような所を攻撃し、敵が思いもよらないときに急襲し、遠い道のりを行軍しながらも疲れないというのは、敵の間隙を縫って敵のいない土地を行軍しているからである。攻撃して必ず奪取できるのは、敵の無防備なところを攻撃するからである。守備が堅いのは敵の攻めないところを守るからである。そのため敵は、攻撃が巧みなものに対してどこを守るべきか、守備が巧みなものに対してどこを攻めるべきかわからない。戦略次第で敵の運命を左右できるのだ。

解説

ビジネスの世界でも、他と同じことをしていては永遠に競争には勝てない。他より抜きんでるには相手とは違うことをして、独自性や差別化できるポイントを持とう。

8 戦力をまとめれば強くなれる

故に人を形《かたち》せしめて我形無ければ、則ち我専《あつ》まりて敵分かる。我は専まりて一と為《な》り敵分かれて十と為らば、是《こ》れ十を以てその一を攻むるなり。則ち我衆《おお》くして敵は寡《すく》なきなり。能く衆きを以て寡なきを撃てば、則ち吾が与《とも》に戦う所の者は約なり。吾が与に戦う所の地は知るべからず、知るべからざれば、則ち敵の備うる所の者多し。敵の備うる所の者多ければ、則ち吾が与に戦う所の者は寡なし。故に前に備うれば則ち後《うしろ》寡なく、後に備うれば前《まえ》寡なく、左に備うれば則ち右寡なく、右に備うれば則ち左寡なく、備えざる所なければ則ち寡なからざる所なし。

（第六　虚実篇）

敵には対策を立てやすいようにはっきりした態勢をとらせて丸裸にし、こちらはその態勢を隠せば、自軍は敵の状況に合わせて兵力を集中できるが、敵は疑心暗鬼となり兵力が分散する。

大意

自軍はまとまって一団となり、敵軍が分散して十隊になれば、自軍は敵軍の十倍の兵力で攻撃できることになる。つまり自軍は多数で、敵軍は少数となる。多数で少数を攻撃できるというのは、戦力をまとめられているからである。戦おうとする地形の利が敵軍にはわからず、わからないから敵軍は多くの備えをする必要があり、敵が多くの備えをする必要があるということは、敵軍の兵力が分散するので、自軍と戦う敵軍はいつも少数になる。そのため敵軍は、前軍を固めて備えると後軍が少数になり、後軍を固めて備えると前軍が少数になり、左軍を固めて備えると右軍が少数になり、右軍を固めて備えると左軍が少数になり、いたるところを備えようとすると、いたるところが少数になってしまう。

解説

　孫子はここで、少数の兵士でも、戦い方次第で大きな戦力となり得ることを説いている。その方法は、敵の兵士を分散させて、こちらの戦力を集中させることだ。戦力の集中は、戦いに勝つための基本でもあるのだ。

　成功させるためには、こちらには敵の姿を全部明らかにするようにさせ、こちらの内情は隠してわからないようにさせておくことが大切である。現代のビジネスでも競争の正念場で一致団結することができれば、勝利を手に入れられるだろう。

自軍の体勢を隠す(2)

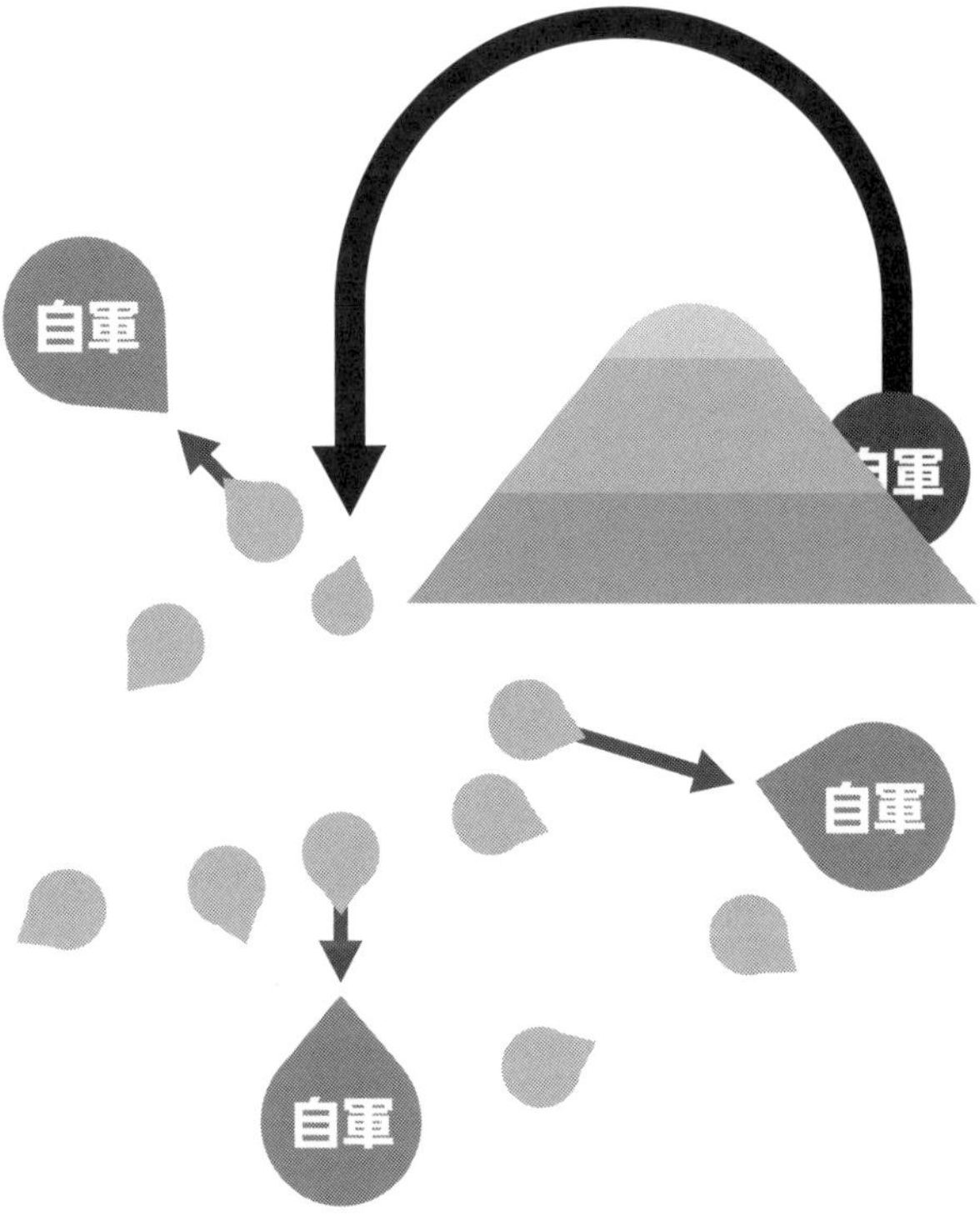

相手はこちらの態勢がわからないので
兵力を分散してしまう

9 勝てる状況に持ち込むには

寡《すく》なき者は人に備うればなり。衆《おお》き者は人をして己に備えしむる者なればなり。故に戦いの地を知り戦いの日を知れば、則ち千里にして会戦すべし。戦いの地を知らず戦いの日を知らざれば、則ち左は右を救うこと能《あた》わず、右は左を救うこと能わず、前は後を救うこと能わず、後は前を救うこと能わず。而るを況《いわ》んや遠き者数十里、近き者数里なるをや。吾を以てこれを度《はか》るに、越人《えつひと》の兵は多しと雖《いえど》も、亦《ま》た奚《なん》ぞ勝に益《えき》せんや。故に曰《いわ》く、勝は擅《ほしい》ままにすべきなりと。敵は衆《おお》しと雖も、闘《たたか》い無からしむべし。

（第六　虚実篇）

大意

少数の軍になってしまうのは敵の攻撃に備える立場だからである。多数の軍になるのは敵をかく乱し、備えさせる立場だからである。戦う地形や戦う時期に精通していれば、千里離れた遠い場所に行軍しても主導権を失わずに戦うことができる。そうでなければ、左翼は右翼を助けられず、右翼も左翼を助けられず、前衛は後衛を助けられず、後衛も前衛を助けられない。同じ軍隊でもこのように混乱するのだから、十数里離れた遠いところ、わずか数里の近いところにいる友軍に助けを求めても無駄である。私が考えるに、剛健といわれる越の国の兵士がいかに多くいても、こういう混乱の中ではとても勝利できないだろう。だから、虚実に備えれば、勝利を思うままにできるのである。それは、敵が大勢の軍でも、虚実の働きで軍をバラバラにして、戦えないようにするのだ。

解説

『孫子』では「勝ち目がない戦いはしてはいけない」というのが一つのメッセージとなっている。勝ち目がない状況で勝つために戦略が用いられるのだ。

無謀な戦いほど危険なものはなく、無策のリーダーほど罪深いものはない。勝ち目のない戦いに兵を導き、その命を失わせるためだ。

戦略として、戦う場所を選ぶということは有効な一手である。これは戦場だけではなく、ビ

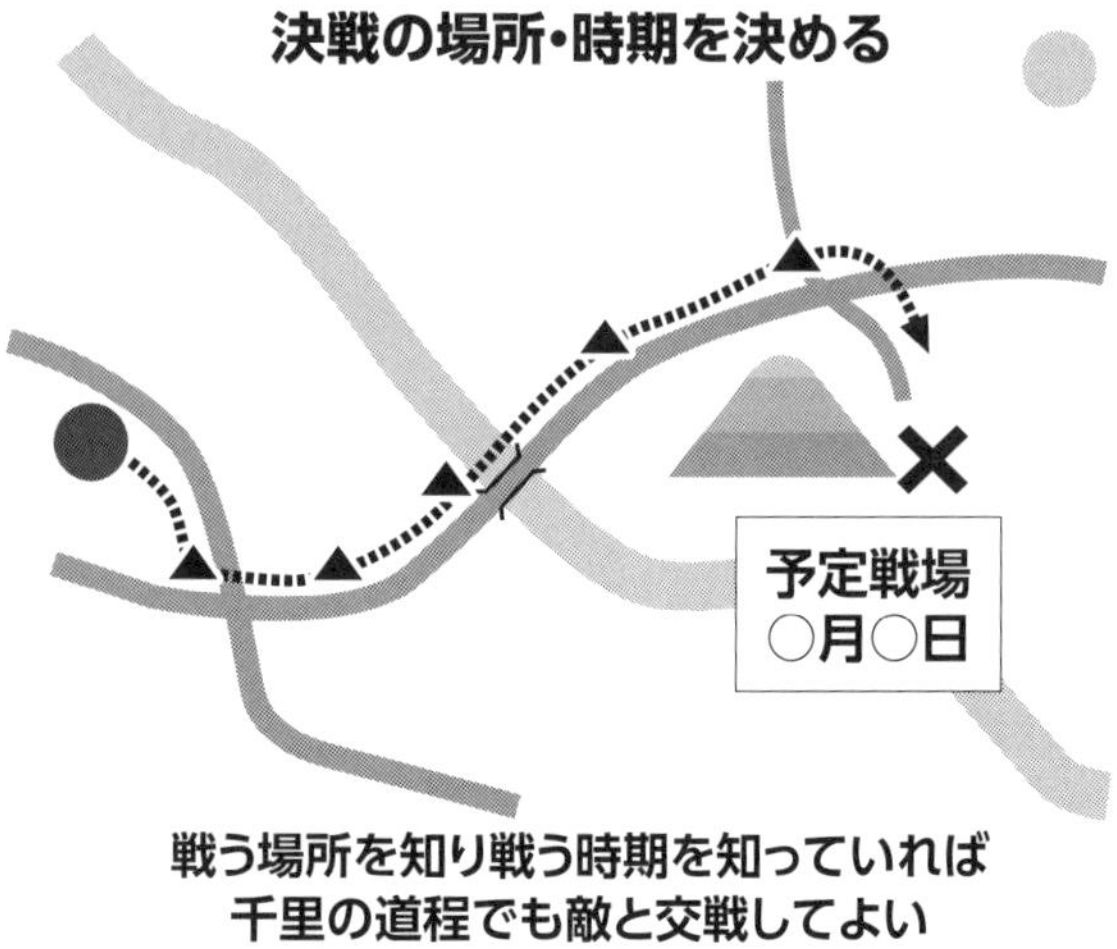
決戦の場所・時期を決める
予定戦場
○月○日
戦う場所を知り戦う時期を知っていれば
千里の道程でも敵と交戦してよい

ジネスでは業界や市場などがそれにあたる。自分の強みを発揮することができる場所で戦うと、主導権が握りやすくなるのだ。

コラム　現代の『孫子』、「ランチェスター戦略」

「ランチェスター戦略」という経営論をご存じだろうか。

この戦略は弱者が強者に勝つための競争理論であり、現代の孫子の兵法とも呼ばれている。もともとは第一次世界大戦時のイギリスの軍事研究から始まり、アメリカで発展後、日本でマーケティング理論として体系化した。

「ランチェスター戦略」には基本原則が2つある。1つは弱者の戦略となる「戦闘力（結果）=武器効率（質）×兵力数（量）」。もう1つは強者の戦略となる「戦闘力=質×量の2乗」だ。これは『則ち能く之を避く。故に、小敵の堅なるは大敵の擒なり』（16ページにて解説）という孫子の教えにも似ているように感じる。

しかし、ビジネスは人と人とのつながりであり、ぴったりと公式に当てはめられるわけではない。そこで、実業家の孫正義氏は「ランチェスター戦略」と『孫子』を組み合わせて経営を行っているという。科学的な「ランチェスター戦略」と人間の心理をも巧みに利用する『孫子』との組み合わせによって、盤石な経営体制の確立へとつなげているのだろう。

10
「その道の人」を使う

故に諸侯の謀《はかりごと》を知らざる者は、預《あらかじ》め交《まじ》わること能《あた》わず。山林、険《けん》阻《そ》、沮《そ》沢《たく》の形を知らざる者は、軍を行《や》ること能わず。郷導《きょうどう》を用いざる者は、地の利を得ること能わず。

（第七　軍争篇）

大意

諸侯たちの真意がわからなければ、彼らと同盟を結ぶこともできない。敵の領内にある山林や険しい地形、沼沢地などを詳しい地形を知らなければ、軍隊を進めることができず。その土地に詳しい案内を使わないのでは、地の利を活かすことができない。

力だけでは勝てない

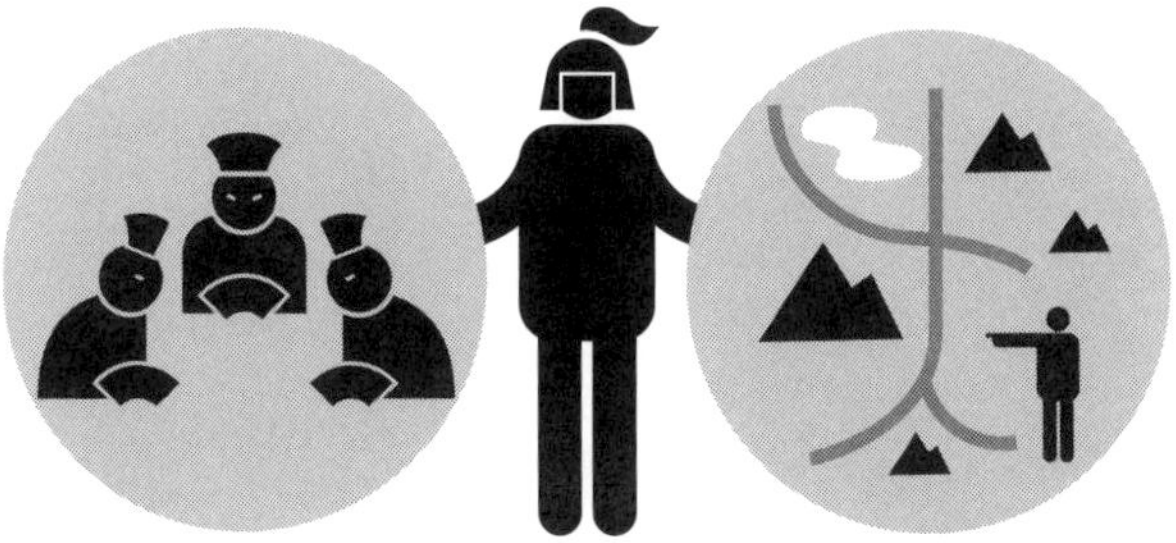

解説

原文ではつまり、「進軍する先の土地について不案内なままだと危険だ」ということだが、これはビジネスでも同じことだ。

新しい業界や分野に進出するときは、道案内をしてくれる人が必要だ。道案内役としてその道に精通している人や経験者を採用し、その忠告や助言にはよく耳を傾けなければならない。

11 利と害をうまく使う

是《こ》の故に、智者の慮は必ず利害に雑《まじ》う。利に雑りて、而《すなわ》ち務めは信《まこと》なるべきなり。害に雑りて、而ち患《うれ》いは解くべきなり。是の故に、諸侯を屈する者は害を以てし、諸侯を役《えき》する者は業を以てし、諸侯を趨《はし》らす者は利を以てす。

（第八　九変篇）

大意

智者の考えでは、一つのことを考えるのに、必ず利と害の両方を併せて考える。利益がある場合も、損害になる場合も併せて考えているので、成功を収めることが

物事を両面から見る

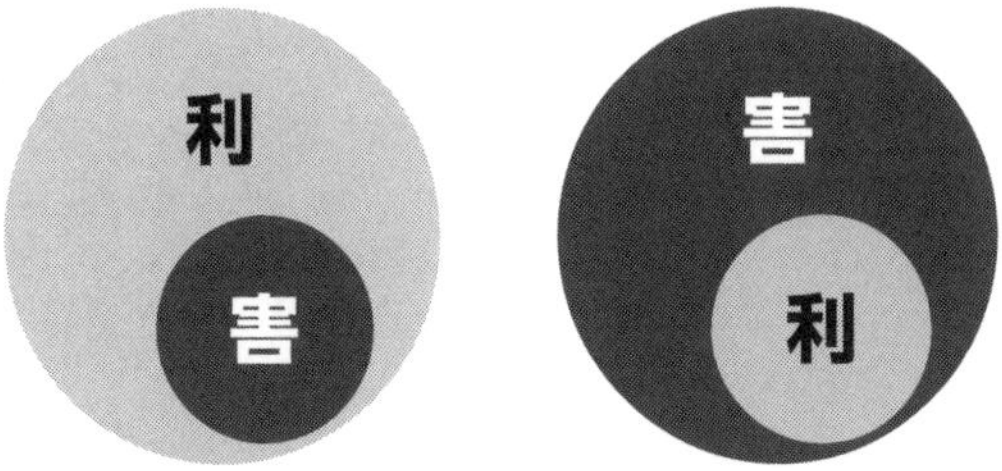

必ず利と害の両方をあわせて考える

でき、損害のある場合も、その利益も併せて考えるので、予想外の損失が少ない。そのため、智恵のある者は九変の利益にも通じることができるのだ。

こうしたわけで、外国の諸侯を屈服させるには、その戦によって大きな損害が発生する可能性を考慮させればよいのだ。諸侯を働かせるためには彼らがどうしても取りかかりたくなる事業を持ち掛け、諸侯を奔走させるには彼らにとって利益になることばかりを示す。

解説

何事にも利と害という二面性があるため、目先の利益にとらわれず、都合が悪い方向へ転じたときのことを考えながら行動しなければならない。交渉するときは利と害をうまく使い分け、利用することで、相手の行動を操作できる。

12 備えを万全にすれば負けない

故に用兵の法は、其の来たらざるを恃《たの》むこと無く、吾の以て待つ有ることを恃むなり。其の攻めざるを恃むこと無く、吾が攻むべからざる所有るを恃むなり。

（第八　九変篇）

大意

戦争の基本は、敵がこないのをあてにするのではなく、いつ敵がきてもよい備えを頼みとするべきだ。敵が攻撃してこないのをあてにするのではなく、敵が攻撃できないような態勢を頼みとするのである。

主体的に動く

× 敵がやってきませんように……

↕

◎ やってきても大丈夫なように備える

× 敵が攻撃してきませんように……

↕

◎ 攻撃できないような態勢をつくる

解説

攻める側も、守る側も、準備をせずに勝負に挑んで勝つことはない。

ビジネスの世界でも準備は大切だ。急にチャンスが訪れることがあるが、それをものにするためには普段からの心掛けや準備が大切だ。

いつ、どのようなことが起こってもよいように備えておこう。

13 適した地形で勝負せよ

孫子曰《いわ》く、凡《およ》そ軍を処《お》き敵を相《み》るに、山を絶《た》つには谷に依《よ》り、生を視て高きに処り、隆《たか》きに戦いて登ること無かれ。此れ山に処るの軍なり。水を絶てば必ず水に遠ざかり、客水を絶ちて来たらば、これを水の内に迎うる勿《な》く、半《なか》ば済《わた》らしめてこれを撃つは利なり。戦わんと欲《ほっ》する者は、水に附きて客を迎うること無かれ。生を視て高きに処り、水流を迎うること無かれ。此れ水上に処るの軍なり。

斥沢《せきたく》を絶つには、惟《た》だ亟《すみや》かに去りて留まること無かれ。若《も》し軍を斥沢の中に交《まじ》うれば、必ず水草に依りて衆樹を背《はい》にせよ。此れ斥沢に処るの軍なり。平陸

には易《い》に処りて而して高きを右背にし、死を前にして生を後《うしろ》にせよ。此れ平陸の処るの軍なり。
凡そ此の四軍の利は、黄帝の四帝に勝ちし所以《ゆえん》なり。

（第九　行軍篇）

大意

孫子は言う。およそ軍隊の配置と敵情の判断は次のようになる。山を越えるときは谷に沿って進み、高みを見つけたらそこに陣を敷く。戦うときには自軍より高いところにいる敵と戦ってはいけない。これが山地における軍の戦い方である。川を渡ったときは必ずその川から遠ざかり、敵が川を渡って攻撃してきたら敵がすべて川の中にいるときに迎え撃ってはならない。敵の半数を渡り終わらせてから攻撃すると有利である。戦うときは川のそばで敵を迎え撃ってはいけない。見通しのよい高みに陣を敷き、下流から上流へ敵を迎え撃ってはいけない。これが川のそばでの軍隊の配置と戦い方である。

沼沢地を通過するときは、すばやく通り過ぎなければいけない。しかたなく沼沢地で戦わざるを得ないときは、必ず飲料水や飼料の草のあるところで、森林を背後にして布陣する。これが沼沢地における布陣と戦い方である。平地では行動しやすい場所に布陣し、低地を前にし、高地を後ろになるようにする。これが平地における軍隊の配置と戦い方である。

およそこのような山、川、沼沢と平地の四つの軍隊の配置と戦い方こそ、古代の黄帝が東西南北の四人の帝王に勝った理由である。

解説

「宋襄の仁」という故事成語がある。相手に情けをかけて、こちらが敗れてしまうことだ。これは『春秋左氏伝』の逸話で、宋が楚と戦ったとき、楚の軍が川を半分渡ったところで宋の将軍たちが『孫子』の兵法のとおり攻撃しようとしたところ、宋の襄公は「君子は人が困ったときに苦しめない。兵が渡り切って陣形を整えてから攻撃するのだ」と攻撃を止め、結局敗れてしまった。地形をよく活用しなければ戦いには勝てないことを教えてくれる話である。また、余計な温情が味方の敗北を導くことにもなると戒める逸話でもある。

どのような勝負でも、確実に勝利するまでは決して手を抜いてはいけない。

軍隊の配置

山地における軍隊の配置

山を越えるには
水や草のある谷に沿って進む

見通しのよい高所を見つけ
軍隊を駐留させる

敵が高地にいるときは
したから攻撃してはいけない

河川地帯における軍隊の配置

川を渡ったら遠ざかり
進退が自由にできるようにする

敵が川を渡って攻めてきたとき
には川の中にいるときは攻撃せず
半数を渡らせておいてから撃つ

敵を川岸で迎え撃たない

見通しのよい高所を見つけて
占拠する

下流には軍隊を配置しない

湿地帯における軍隊の配置

すばやく通過する

もし戦わざるを得ない事態に
なったら、飲用水や飼料のある
場所の近くで、森林を背にする
ように軍を配置する。

平地における軍隊の配置

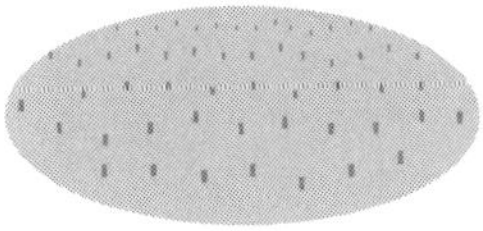

行動しやすい
平坦な場所に駐留する

右翼に配置されている
主力部隊は高所を背にする

低地を前に高地を後ろに
なるように戦う

14 地形を見抜いて危険を避け、有利に変える

上《かみ》に雨ふりて水沫《すいまつ》至らば、渉《わた》らんと欲する者は、其の定まるを待て。凡《およ》そ地に絶澗《ぜつかん》、天井《てんせい》、天牢、天羅、天陥《てんかん》、天隙《てんげき》あらば、必ず亟《すみや》かにこれを去りて近づくこと勿《なか》れ。吾はこれに遠ざかり、敵にはこれに近づかしめよ。吾はこれを迎え、敵にはこれに背《はい》せしめよ。

（第九　行軍篇）

大意

雨で川の上流の流れが激しく泡立っている場合は、氾濫の恐れがあるので、渡るつもりなら、その急な流れが収まるまで待つべきである。

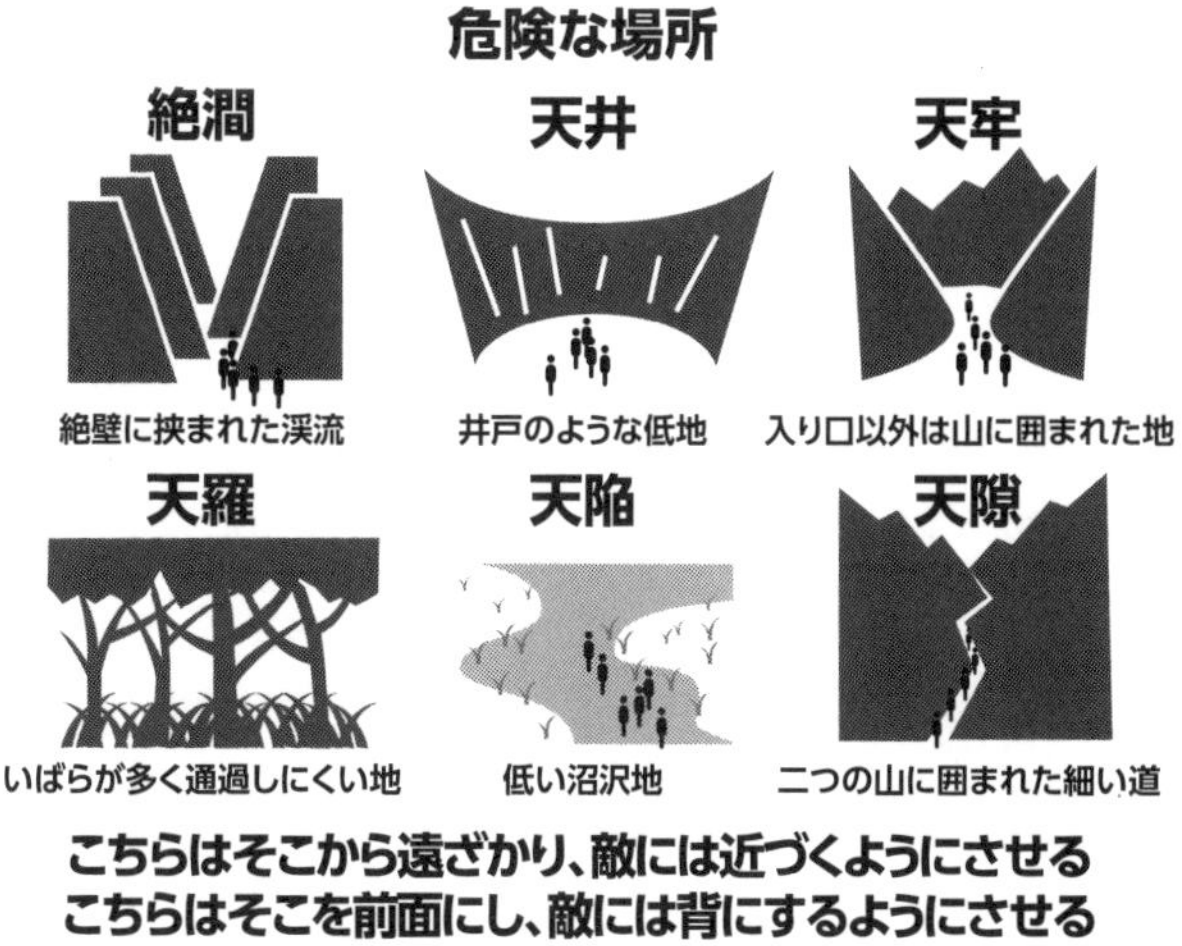
危険な場所
絶澗
絶壁に挟まれた渓流
天井
井戸のような低地
天牢
入り口以外は山に囲まれた地
天羅
いばらが多く通過しにくい地
天陥
低い沼沢地
天隙
二つの山に囲まれた細い道
こちらはそこから遠ざかり、敵には近づくようにさせる
こちらはそこを前面にし、敵には背にするようにさせる

およそ地形が、絶壁の谷間や四方を高く囲まれ渓水の満ちた井戸のような場所、三方を囲まれた牢獄、草木が密生していて入ると身動きが取れない場所、進むと抜け出せない沼地や行きどまりとなる地の裂け目がある場合は、必ず速やかにそこを立ち去り、近づいてはならない。敵にはそこに近づくように導いて、自軍は近くに潜んでおき、敵にはその危険な場所が背後になるようにさせるとよい。

解説

勝負ごとには、碁やオセロのような陣取りゲームのような要素がある。押さえなければならない場所や取ってはいけない場所があり、いかに勝利に結びつく場所を先に取っていくかが勝敗をわける。ときには、自分が不利な立場に立たされていないかふり返ってみよう。

15

細部までチェックせよ

軍の旁《かたわら》に険阻《けんそ》、潢井《こうせい》、葭葦《かい》、山林、蘙薈《えいわい》ある者は、必ず謹んでこれを覆索《ふくさく》せよ。比れ伏姦の処る所なり。

（第九　行軍篇）

大意

軍の近くに、険しい地形、ため池や窪地、葦などの密生地、山林、草木が茂っている場所があるときには、必ず慎重に周囲を繰り返して捜索せよ。同じ人間に捜索させるのではなく、人を替えて捜索を繰り返すことが必要だ。なぜなら、これらの場所は敵の伏兵や間諜がいる可能性が高い場所だからである。

行軍中に注意するべき場所

解説

現代でも、細部までの厳重なチェックは非常に大切にされている。たとえば工場で物をつくるときや、書類の不備を確認するときなど、ミスの見落とし一つですべてが台無しになることがあるからだ。

人は思い込みが激しく、自分に甘いので、チェックするときは各工程で人を入れ替えて探させることで、見落としを防止できる。

16 敵軍、自軍、地形の三つを把握すべきだ

吾が卒の以て撃つべきを知るも、而《しか》も敵の撃つべからざるを知らざるは、勝の半《なか》ばなり。敵の撃つべきを知るも、而も吾が卒の以て撃つべからざるを知らざるは、勝の半ばなり。敵の撃つべきを知り、吾が卒の以て撃つべきを知るも、而も地形の以て戦うべからざるを知らざるは、勝の半ばなり。

故に兵を知る者は、動いて迷わず、挙げて窮せず。故に曰く、彼を知り己を知れば、勝乃《すなわ》ち殆《あや》うからず、地を知り天を知れば、勝乃ち全《まっ》うすべし。

（第十　地形篇）

大意

自軍の兵卒がよく訓練され、将と兵卒が同じ考えで敵を攻撃して勝利できることがわかっていても、敵を攻撃してはいけない状況もあると知っておかなければ、必ず勝つとは限らない。敵軍に隙があって攻撃してよい状況だとわかっていても、自軍が攻撃する準備が十分でないと把握していなければ、必ず勝つとは限らない。敵に隙があって自分の軍隊が攻撃してよい状況にあることを把握し、自軍も敵を攻撃する力があるとわかっていても、地形が戦ってはならない状況であることを確認していなければ、必ず勝つとは限らない。

だから戦争によく通じた人は、敵のことも、自軍のことも、地形もよく把握したうえで行動するので、自軍を動かしても迷わず、戦っても苦しむことがない。だから、「敵の状況を知り味方の状況を知っていれば勝利は確実なものとなり、地形を知り、自然界の巡りのことを知っていれば、常に勝利を収めることができる」といわれるのである。

解説

この項で孫子は、「謀攻篇」における「彼を知り己を知れば百戦して殆うからず」（18ページにて解説）の言葉に加え、さらに「地を知り天を知ることができれば、万全な勝利を手にすることができる」と強調している。

孫子は、味方の軍隊と敵の軍隊の状況をよくつかんで、いずれから見ても必ず勝てる態勢をもって、初めて攻撃をしてよいと言う。それでも、戦いが進む過程で地形に対応したり、天候や自然現象も味方にしないと必勝ではないと言う。

敵を知り、味方を知り、地形・自然を知って戦えば勝利が近づくが、もう一つ必要な要素がある。それは迅速な状況判断である。

実際の戦いでは状況が刻々と変化していく。突然でてきた伏兵に応戦することもあれば、眼下の攻めやすいところで敵が陣を張っていることもある。そういうときに、指揮官の指示を待っていては勝利のチャンスを逃すことになる。

ビジネスでも同様のことが言える。指示を待つだけの受け身の姿勢は楽だが、当事者として何事も自分の頭でまずは考え、判断できるようにしておこう。

敵・己・天・地を知る

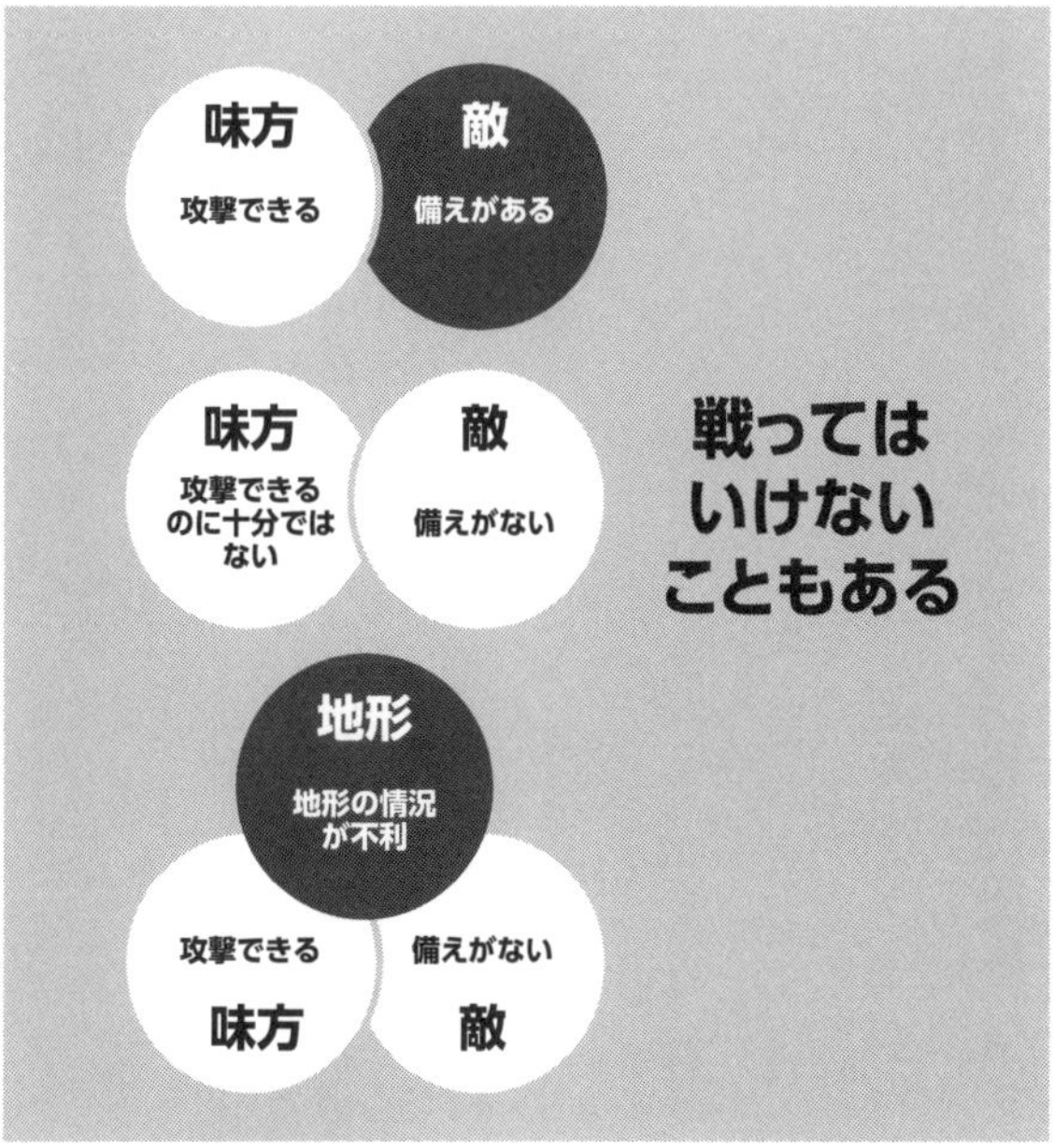
味方
攻撃できる
敵
備えがある
味方
攻撃できるのに十分ではない
敵
備えがない
戦ってはいけないこともある
地形
地形の情況が不利
攻撃できる
味方
備えがない
敵

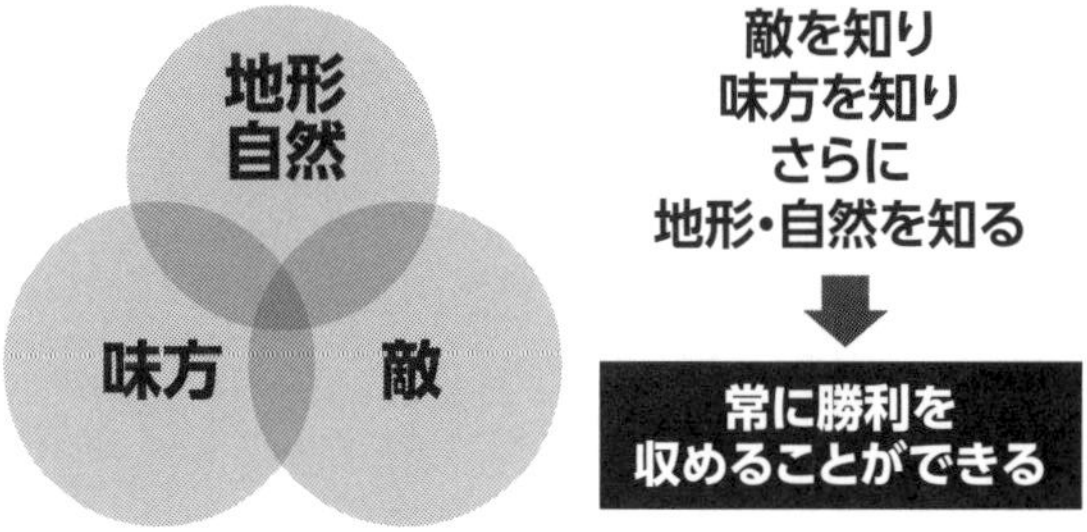
地形自然
味方
敵
敵を知り
味方を知り
さらに
地形・自然を知る
常に勝利を収めることができる

17 戦う場所の特性に合わせて戦術を選ぶ

孫子曰《いわ》く、用兵の法に、散地あり、軽地あり、争地あり、交地あり、衢地《くち》あり、重地あり、圮地《ひち》あり、囲地あり、死地あり。

諸侯自ら其の地に戦う者を、散地と為す。人の地に入りて深からざる者を、軽地と為す。我れ得るも亦た利、彼れ得るもまた利なる者を、争地と為す。我以て往くべく、彼れ以て来たるべき者を、交地と為す。諸侯の地四属し、先ず至って天下の衆を得る者を、衢地と為す。人の地に入ること深く、城邑《じょうゆう》に背《そむ》くこと多き者を、重地と為す。山林、険阻《けんそ》、沮沢《そたく》を行き凡《およ》そ行き難きの道なる者を、圮地と為す。由《よ》りて入る所のもの隘《せま》く、従って帰る所の者迂《う》にして、彼れ寡にして以て吾れの衆を撃つべき者を、囲地と為す。疾戦《しっせん》すれば則ち存し、疾戦せざれば則ち亡《ほろ》ぶ者を、死地と為す。
是《こ》の故に、散地には則ち戦うこと無く、軽地には則ち止まること無く、争地には則ち攻むること無く、交地には則ち絶つこと無く、衢地には則ち交を合わせ、重地には則ち掠《かす》め、圮地には則ち行き、囲地には則ち謀り、死地には則ち戦う。

（第十一　九地篇）

大意

孫子が言うことには、戦争の法則において戦場になる地とは、散地（軍の逃げる土地）・軽地（軍の浮き立つ土地）・争地（敵と奪い合う土地）・交地（往来の便利な土地）・衢地（四通八達の中心地）・重地（重要な土地）・圮地（足場悪くて軍を進めにくい土地）・囲地（囲まれた土地）・死地（死すべき土地）の九つに分けられる。

敵に侵入され自国の領内で戦うのを散地という。敵国に侵入していても、まだ深く侵入していないところを軽地という。自軍が占領すれば味方に有利となり、敵が占領すれば敵に有利となるのを争地という。自軍も行こうと思えば行けるし、敵軍もこようと思えばこれるのを交地という。各諸侯の国が隣接していて、そこに先着すれば、周辺の諸侯の助けを得て多くの人々から助力が得られるのを衢地という。敵国に深く侵入し、背後に敵の城邑が数多くあるのを重地という。山林や険しい地形や沼沢地など、進軍するのが難しいのを圮地という。入る道が狭く、引き返す道が曲がりくねって遠く、敵が少数であってもこちらの大軍を攻撃できるのを囲地という。迅速かつ必死に戦えば生き残れるが、必死に戦わなければ全滅するのを死地という。

だから、散地では戦ってはならず、軽地では軍を留めてはならず、争地では先にそこを占領できなければ攻撃してはならず、交地では軍を分断されてはならず、衢地ならば諸侯と親交を結び、重地では敵の食糧・物資などを略奪し、圮地では速やかに通過し、囲地では脱出のために智謀をめぐらし、死地では必死に戦うべきである。

解説

九地とは九種類の戦場の地形である。ここで孫子は九地の特徴をつかみ、それに応じた戦い方を説いている。また、それに合わせた人間（兵士）の心理をよく理解

兵士の心理に応じた戦い方

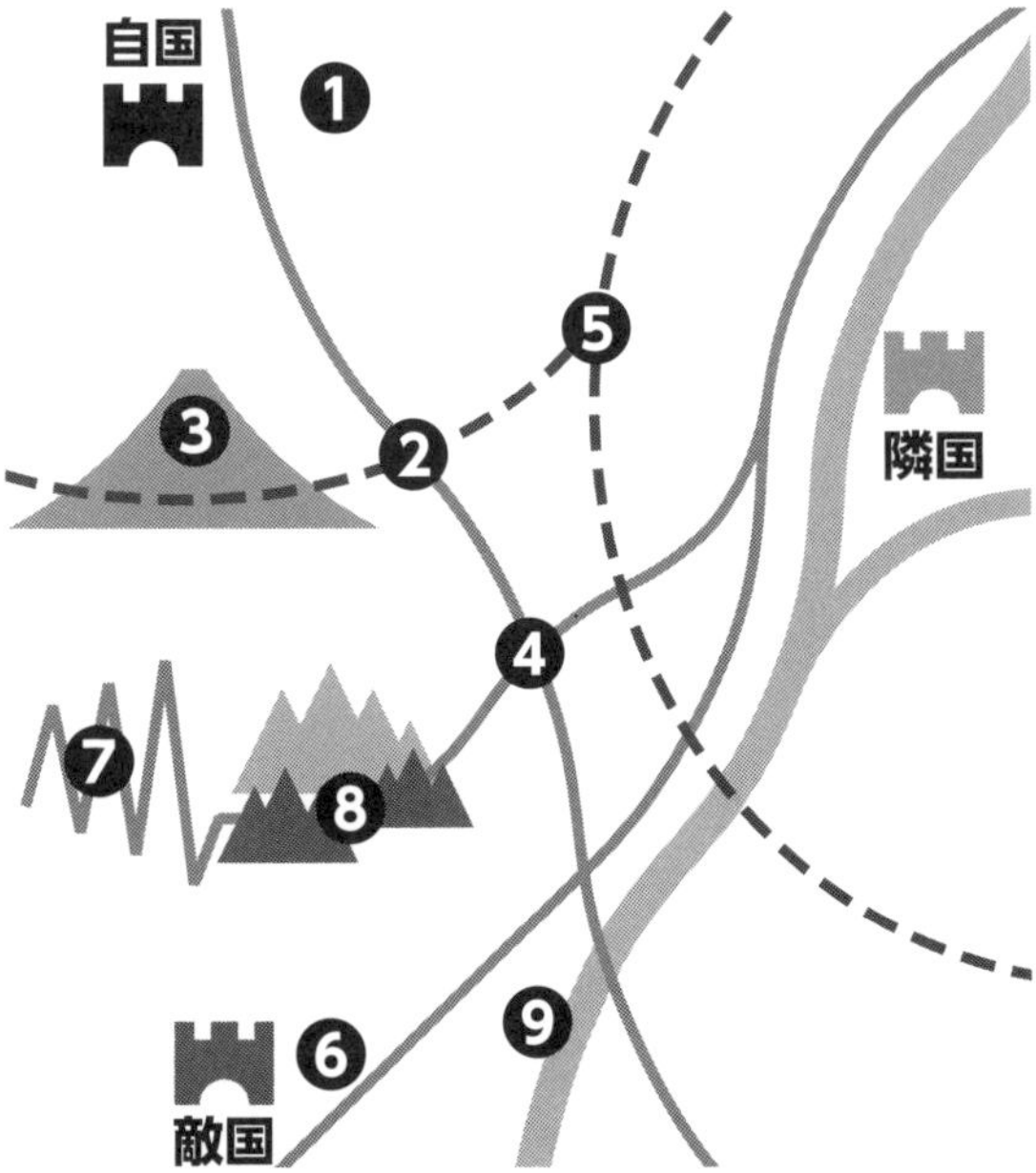

❶ 散地	自国の領地・兵士の戦意が散漫	戦ってはいけない
❷ 軽地	敵国に少し入ったところ・戦意気迫	止まってはいけない
❸ 争地	戦術上有利なところ	先に占拠されたら捨てる
❹ 交地	敵も味方も戦いやすいところ	軍の分断に気をつける
❺ 衢地	諸国に隣接するところ	諸侯と親交を結ぶ
❻ 重地	敵国深く侵入したところ・重苦しい	速やかに通過する
❼ 圮地	行軍に困難なところ・奇襲に弱い	速やかに通過する
❽ 囲地	少ない兵でも大軍を攻撃可能なところ	脱出をはかる
❾ 死地	絶体絶命のところ	速やかに、必死に戦う

したうえでの孫子の教えは緻密と言える。

ビジネスでも言えることだが、戦いの場の状況をよく分析し、それに柔軟に対応することが勝利のためには必要である。場合によっては撤退したり、戦い抜いたりするが、勝利の仕方にもさまざまな形があるので、戦略としては最終的になるべく損害なく勝利できればよいのだ。

18 敵を分断して自軍を有利に導く

所謂《いわゆる》古えの善く兵を用うる者は、能く敵人をして前後相い及ばず、衆寡相い恃《たの》まず、貴賤相い救わず、上下相い扶《たす》けず、卒離れて集まらず、兵合《がっ》して斉《ととの》わざらしむ。利に合えば而《すなわ》ち動き、利に合わざれば而ち止まる。

（第十一　九地篇）

大意

昔から戦巧者はこれらのようなことをさせる。敵の軍隊が前衛と後衛で互いに連絡できないようにさせ、大部隊と小部隊が互いに助け合えないようにさせ、高貴な者と身分が低い者、位が上の者と下の者を助け合えないようにさせる。兵士たちが離散しても

敵の軍隊を攪乱する

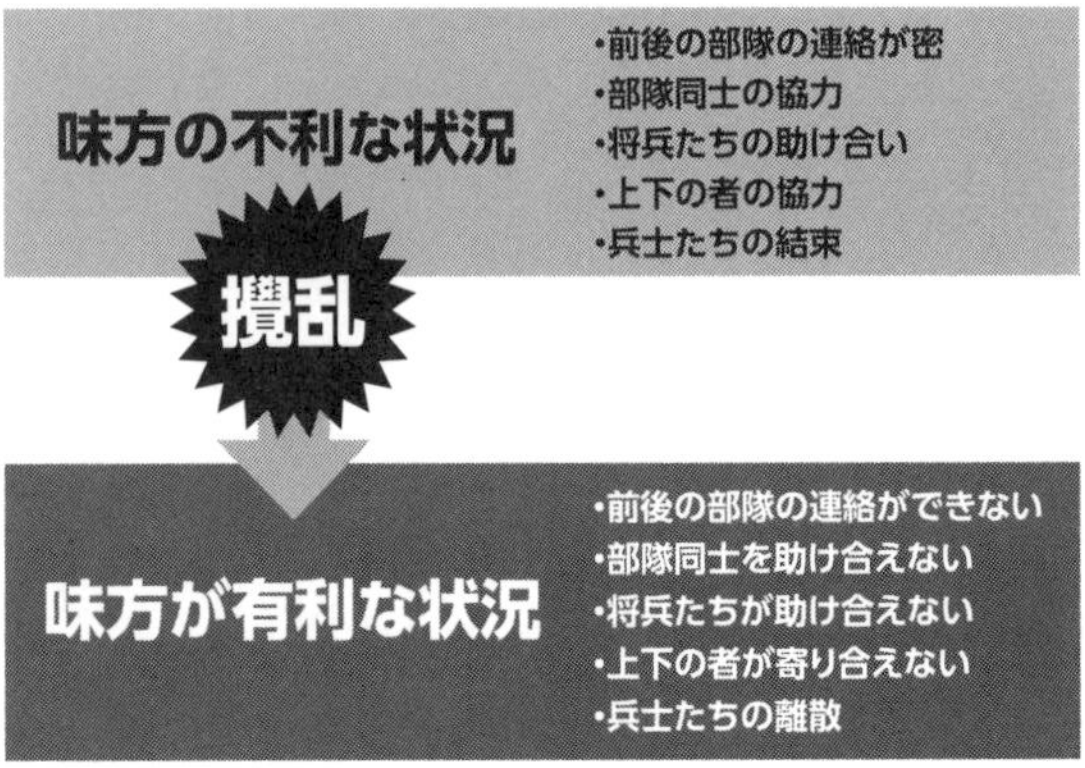
味方の不利な状況
・前後の部隊の連絡が密
・部隊同士の協力
・将兵たちの助け合い
・上下の者の協力
・兵士たちの結束
攪乱
味方が有利な状況
・前後の部隊の連絡ができない
・部隊同士を助け合えない
・将兵たちが助け合えない
・上下の者が寄り合えない
・兵士たちの離散

集合できず、集合してもまとまらないようにもした。このように自軍にとって有利な状況であれば行動し、不利であれば軍を動かさず、別の機会を待つのである。

解説

孫子の説く兵法では血を流さずに勝利することが至上の勝利であるとされる。そのためにはチャンスを待つことも、ときには重要だ。うまくいかないときは、あわてずに現状の分析をしたり、競合する相手の策にはまっていないかふり返ったりしてみよう。

第3章

組織の心得

1 戦いの結末を決める五つのこと

孫子曰《そんしいわ》く、兵とは国の大事なり、死生の地、存亡の道、察せざるべからざるなり。故にこれを経《はか》るに五事を以てし、これを校《くら》ぶるに計《けい》を以てし、その情を索《もと》む。

一に曰く道、二に曰く天、三に曰く地、四に曰く将、五に曰く法なり。道とは、民をして上と意を同じくせしむる者なり。故にこれと死すべくこれと生くべくして、危《うたが》わざるなり。天とは、陰陽、寒暑、時制なり。地とは遠近、険易《けんい》、広狭《こうきょう》、死生なり。将とは、智、信、仁、勇、厳なり。法とは、曲制《きょくせい》、官道、主用なり。凡《およ》そ此の五者は、将は聞かざる莫《な》きも、これを知る者は勝ち、知らざる者は勝たず。

（第一　計篇）

大意

孫子は言う。戦争は国の大事であり、国民の生死がこれで決まったり、国の行く末にかかわる岐路であるから、慎重によく考え抜かなければならない。そのため、五つのことを考え、七つの目算と比べ、その時点での実情を知らなくてはいけない。

その五つのこととは、第一に「道」、第二に「天」、第三に「地」、第四に「将」、第五に「法」のことである。「道」とは、国民と上の者との心を一つにする政治のあり方である。そうすれば国民は上の者と心を一つにして、運命を一緒にすることを疑わないのである。「天」とは、陰陽や気温、時節という自然界の法則のことである。「地」とは、距離、地形の険しさや広さ、高低などの土地の状況のことである。「将」とは、将軍の智恵、信義、誠実さ、勇猛さ、威厳という将軍の資質のことである。「法」とは、軍の編成、軍律、官職の管理、軍の制度や物資の運用についてのきまりのことである。以上の五つのことについては、将軍たる者なら誰でも知っているはずだが、これを本当によく理解し実践する者が戦に勝ち、あまり理解できず実践できない者は負けるのである。

解説

『孫子』は戦争や競争に勝つための書である。しかし、戦争というものは、命を奪ったり、破れた国がなくなったりする結果も招く。だから、戦争を行うかどうかは、よほど考え抜いて、慎重に決めなくてはならないのである。

これは、ビジネスにおける競争にも当てはまる。ビジネスでも競争に負ければ会社が潰れたり、事業を手放さなくてはならなくなったりする。なので、一時の感情で無謀な戦いを挑んではいけない。

孫子は、冷静かつ客観的に自らと相手を比較し、どちらが勝つかを検討せよと言う。そのためにまず挙げるのが「道」「天」「地」「将」「法」の五点である。企業であれば、たとえば組織の士気の高さや、経済状況、各セクションのリーダーたちの資質などが当てはまるだろう。それぞれの要件を満たした者が、現代の競争でも勝つべくして勝つのである。

五つの比較（五事）

**まず、敵国と自国の五つの点について
比較・計算し実情を求める**

Ⅰ.道（政治）……　**民をして上と意を同じくせしむる**
民心の状態

Ⅱ.天（天時）……　**陰陽・寒暑・時制**
昼夜、晴雨・気温・季節

Ⅲ.地（地利）……　**遠近・険易・広狭・死生**
距離の遠近・地形の険しさ
地形の広さ・戦闘の際の進退の自由

Ⅳ.将（将軍）……　**智・信・仁・勇・厳**
智恵・信頼・兵への思いやり
勇気・賞罰の公平さ

Ⅴ.法（法政）……　**曲制・官道・主用**
軍の編成・官職の配置・物資の運用

↓

**以上の五点をよく理解し、
実践する者は勝ち、よく理解せず実践できない者は負ける**

2 勝敗を分ける七つのこと

故にこれを校《くら》ぶるに計を以てして、その情を索《もと》む。曰《いわ》く、主孰《いず》れか有道なる、将孰れか有能なる、天地孰れか得たる、法令孰れか行なわる、兵衆孰れか強き、士卒孰れか練《なら》いたる、賞罰孰れか明らかなると。吾れ此れを以て勝負を知る。

（第一　計篇）

大意

そのため、深く理解した者は、七つの目算と併せて、そのときの実情をつかまなければならない。第一は、敵国と自国のどちらの主君が人心を得ているか。第二は、どちらの将軍が有能か。第三は、自然界の法則と土地の状況がどちらに有利か。第四は、法令

七つの計算（七計）

五つの比較をより詳しく七つの観点で分析してみる

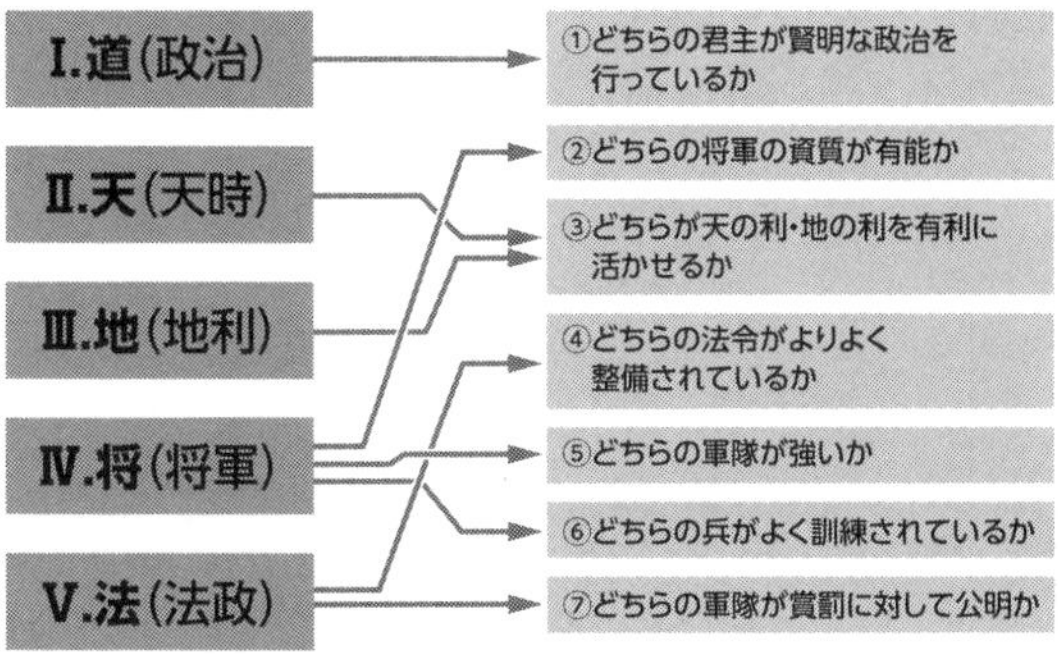

戦う前に勝敗がわかる

はどちらが厳守されているか。第五は、軍隊はどちらが強いか。第六は、兵はどちらが訓練されているか。第七は、賞罰はどちらが公明か。この七つの目算によって、戦う前に勝敗を知るのである。

解説

　前項に続いて、孫子は戦の勝敗を知るため、戦争の前には「道」「天」「地」「将」「法」（五事）について自分と相手を比較し、勝利を確実にするために七つの事項（七計）を計算せよと言う。勝つためには七計において常に敵より優っていればならず、劣っていれば負けてしまう。

　ビジネスに置き換えても、競争で他社に勝つためには五事七計はふり返りたい内容である。

3

軍を内側と外側から整備して勝利する

将吾が計を聴《き》くときは、これを用うれば必ず勝つ。これに留めん。将吾が計を聴かざるときは、これを用うれば必ず敗る、これを去らん。計、利として聴かるれば、乃《すなわ》ちこれが勢《せい》を為《な》して、以て其の外を佐《たす》く。勢とは利に因《よ》りて権《けん》を制するなり。

（第一　計篇）

大意

もし将軍が私が述べた五事七計の計略に従うなら、彼を用いればきっと勝つので留任させる。将軍が従わないなら、彼を用いればきっと負けるであろうから辞めさ

勢とは

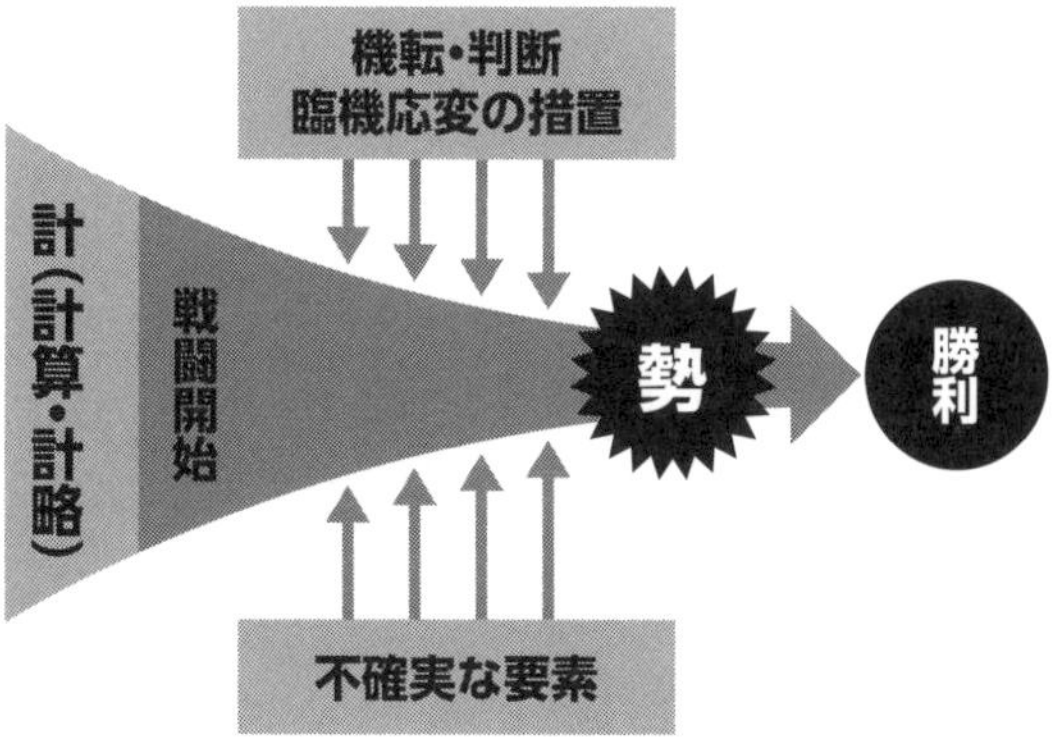

せる。計略が有利だと理解して従うなら、出陣前に軍の内部が整ったので、「勢い」を出陣後に軍の外部からの助けとする。この場合の「勢い」とは、有利な状況に従って臨機応変の措置を取り、勝利を確実にこちらのものにすることを言う。

解説

戦場では、上官や作戦に従わないとその陣営は負けてしまう。ビジネスで負ける競争をしないためには、リーダーの考える戦略を部下たちが受け入れなければならない。

近年は社員一人ひとりの個性を大切にする風潮があるが、組織間での競争の際に個人の力というのはほとんど意味をなくしてしまう。

大きくて重要な競争ほど、最終的には組織として一致団結する必要があるのだ。

4 無駄のない投資で利益を最大化する方法

善く兵を用うる者は、役《えき》は再び籍《せき》せず、糧は三たびは載《さい》せず。用を国に取り、糧を敵に因《よ》る。故に軍食《ぐんしょく》足るべきなり。国の師に貧なるは、遠き者に遠く輸《いた》せばなり。遠き者に遠く輸さば則ち百姓貧し。近師なるときは貴売す。貴売すれば則ち百姓の財竭《つ》く。財竭くれば則ち丘役《きゅうえき》に急して、力は中原《ちゅうげん》に屈《つ》き用は家に虚《むな》しく、百姓の費、十に其の七を去る。公家《こうか》の費、破車罷馬《はしゃひば》、甲冑《かっちゅう》弓矢、戟楯矛櫓《げきじゅんぼうろ》、丘牛大車《きゅうぎゅうだいしゃ》、十に其の六を去る。故に智将は務めて敵に食《は》む。敵の一鍾《いっしょう》を食むは、吾が二十鍾に当たる。萁秆一石《きかんいっせき》は吾が二十石に当たる。

（第二　作戦篇）

大意

上手に戦を行う者は、自国の民に兵役を二度も求めず、国内の食糧を三度も前線に送ることはしない。軍需品は自国のものを調達するが、食糧は敵地で調達するのである。だから食糧は十分なのである。国家が軍隊のために貧しくなるのは、遠くまで食糧などの物資を送るからで、遠くまで輸送すると民衆はその負担によって貧しくなってしまう。戦争が国の周辺で行われれば、その周辺では物価が高くなり、民衆は蓄えを失い生活が苦しくなる。蓄えを失えば、軍役も難しくなる。戦場で戦力も尽きてしまい、国内では人々の財物が乏しくなり、人々の生活費は十分の七が失われ、朝廷の費用もかさむ。戦車が壊れ、馬は疲れ、鎧や兜や弓と矢、戟（先の分かれた矛）、盾や矛や大盾、さらに運搬用の牛や車などは十分の六が失われることになる。したがって智将と呼ばれる将軍は遠征をしたらできるだけ敵の食糧を奪って自軍の兵に与えるのである。敵の一鍾（五一・二リットル）を食べるのは、自軍の二十鍾を食べるのに相当し、軍馬の餌となる豆がらや藁一石（一〇〇リットル）は、自分の国の二十石に相当する。

解説

ビジネスでは、コストパフォーマンスとタイムパフォーマンスが重視される。人を雇ったり、拠点としてオフィスを借りたりすると、とにかくお金がかかる。お金を使うからにはそれ以上に利益を出すことがビジネスには求められるので、雇った人が一時間当たりでどの程度の利益を出しているか、ということも近年では評価されるようになってきた。投資した資金と時間を回収できる仕事ができているか顧みてみよう。

また、一人分の仕事におけるコストパフォーマンスを上げるには、効率を上げていく必要がある。一人ひとりの仕事の回転率を向上させることも大切だが、組織全体でも無駄な作業や仕事の優先順位を見直すことでさらに効率的になるだろう。やらなくてもよいことや、負う必要がない負担はなくすべきだ。

戦費について考える

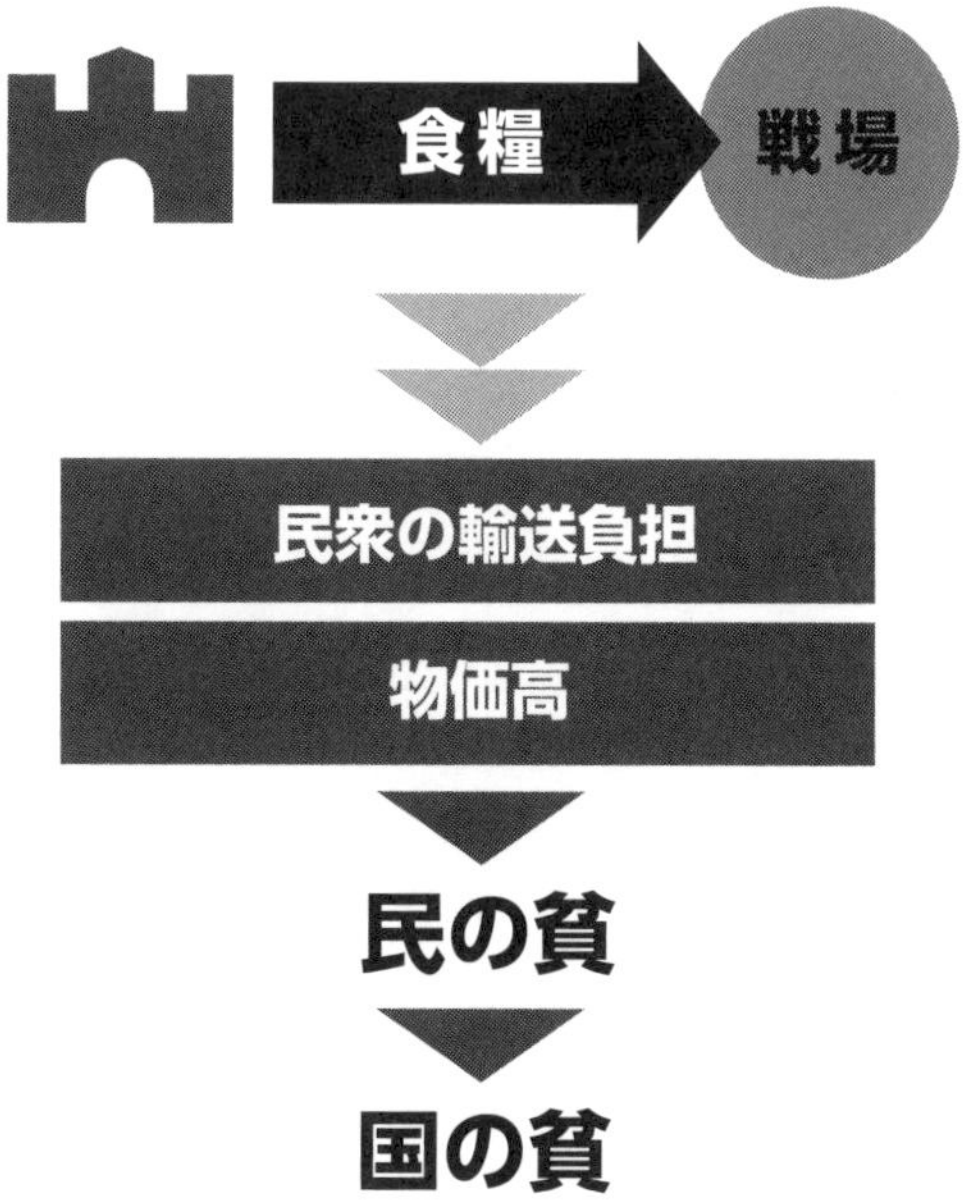

頭のよい将軍は……

- 兵役を何度も求めない
  （短期決着を目指す）
- 食糧を何度も前線に送らず
  現地で調達する（敵の食糧を奪う）

5 部下を信頼しない上司がやりがちな失敗

夫《そ》れ将は国の輔《ほ》なり。輔周《しゅう》なれば則ち国必ず強く、輔隙《げき》あれば則ち国必ず弱し。故に君の軍に患《うれ》うる所以《ゆえん》の者に三あり。軍の進むべからざるを知らずして、これに進めと謂《い》い、軍の退くべからざるを知らずして、これに退けと謂う。是《こ》れを軍を縻《び》すと謂う、三軍の事を知らずして、三軍の政を同じうすれば、則ち軍士惑う。三軍の権を知らずして、三軍の任を同じうすれば、則ち軍士疑う。三軍既に惑い且つ疑うときは、則ち諸侯の難至る。是れ軍を乱して勝を引くと謂う。

（第三　謀攻篇）

大意

そもそも将軍とは国家の君主の補佐役である。将軍が君主と密接な関係であれば その国は必ず強くなり、逆に隙間があれば国は必ず弱くなる。そこで、君主が軍に関して起こしてしまう問題が三つある。第一は、軍が進撃してはいけないことを主君が知らないで進撃せよと命令したり、軍が退却してはならないことを知らないで主君が退却せよと命令したりする。このように主君の勝手な振る舞いによって軍は不自由な状態になるのである。第二に、軍隊の事情を知らないのに、将軍とともに軍隊の管理を行えば兵たちは迷ってしまう。第三に、軍における臨機応変の処置もわからないのに、軍の指揮を将軍と同じように行うと、兵は疑いを持ってしまう。軍が迷ったり疑ったりすれば、隣国の諸侯たちが兵を挙げて攻めてくることになる。このように君主と将軍の間に距離があると、軍が乱れ、自ら勝利を取り去ってしまうことになるのである。

解説

軍を企業に置き換えれば、主君とは、企業であれば社長である。将軍とは、部門の責任者のことだ。

孫子は、権限の所在は君主にあって、その信任を得た将軍との関係が密で、信頼が厚い組織は必ず強くなると言う。逆に関係が密でない、あるいは、君主が将軍を信用していなければ必ず組織は弱くなると言う。企業の社長が、部門の責任者を無視して直接あれこれ現場に口を出すことは現場の混乱を招き、組織を弱くする恐れがあるということだ。

もし社長が部門の責任者を信頼できないのであれば、直接現場を指揮するのではなく、部門の責任者を交代させればよい。有能で信頼できる責任者を置かない限り組織は弱くなる。

また、主君や社長などの最高権力者が陥りやすいのは、将軍や部門の責任者の人事を、能力や器量で評価するのなく、口のうまさでお調子者を選んでしまうことである。信頼の前提は、戦いや競争に勝てる将としての能力を有していることなのである。

企業のトップとナンバー2の理想的な関係といえば、思いつく事例はいろいろとある。ホンダの本田宗一郎と藤沢武夫、パナソニックの松下幸之助と高橋荒太郎。ここではソニーの井深大と盛田昭夫の関係を紹介しよう。

一時代を築いたソニーのウォークマンは、井深のリクエストで試作品がつくられた。当初、経営陣は録音機能のないカセット機器の販売を危ぶんだが、盛田が関係各位へ働きかけて製品化となった。そして世界的な大ヒットとなったのである。

後年、井深が文化勲章を受章したとき、会見で井深をサポートしたのは盛田だった。トップとナンバー2が信頼で結ばれているからこそ、組織が効果的に機能したのである。

主君と将軍

主君がやってはいけないこと

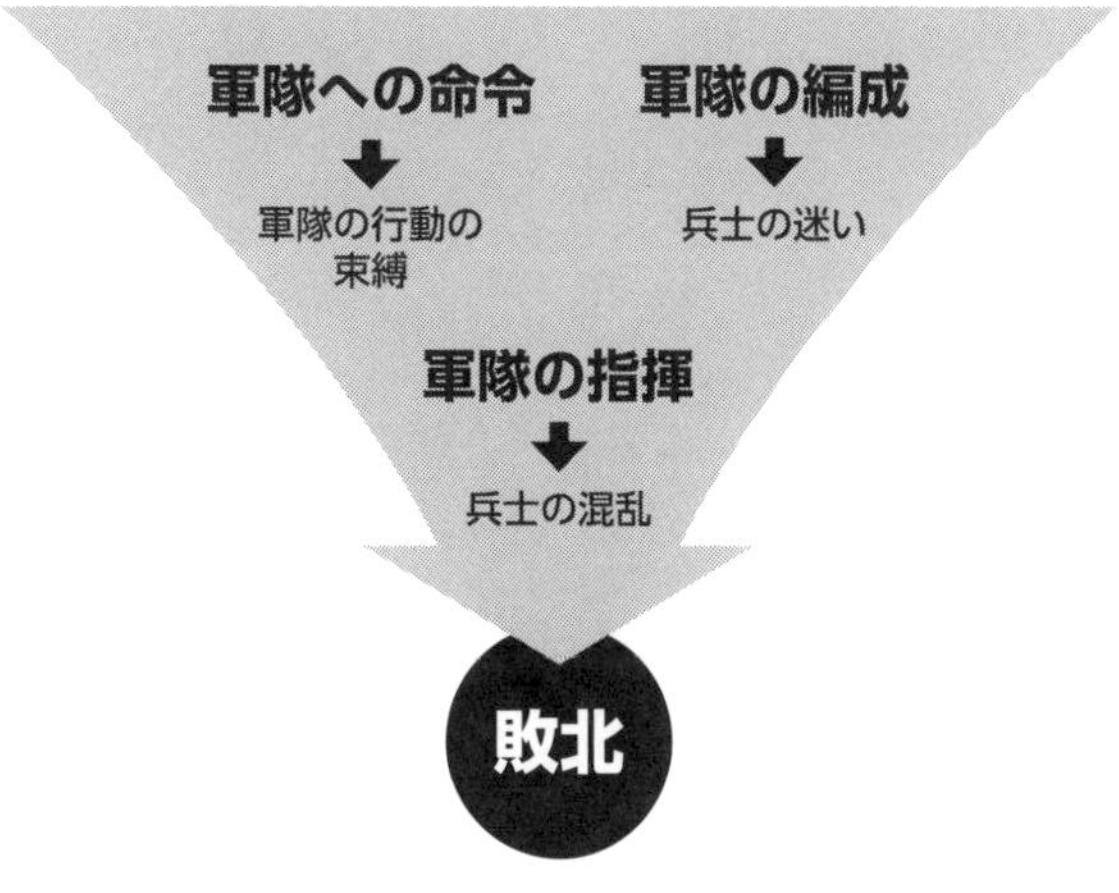

6 チームで勝つ

孫子曰《いわ》く、凡《およ》そ衆《しゅう》を治むること寡《か》を治むるが如くなるは、分数《ぶんすう》是れなり。衆を闘《たたか》わしむること寡を闘わしむるが如くなるは、形名《けいめい》是れなり。三軍の衆、畢《ことごと》く敵に受《こた》えて敗なからしむべき者は、奇正是れなり。兵の加うる所、碫《たん》を以て卵に投《とう》ずるが如くなる者は、虚実《きょじつ》是れなり。

（第五　勢篇）

大意

戦争で大勢の軍隊を統率する際、少人数の軍隊を統率するかのようにできるのは軍の編成が優れているからだ。大勢の軍隊を戦わせる際、少人数の軍隊を指揮する

組織の力を発揮する

組織編制が優れていると……	多人数の軍隊を統率できる
陣形が整っていると……	多人数の軍隊を指揮できる
正規の戦法と変則的な戦法が巧みに変化できていると……	各方面から攻撃を受けても決して敗れない
味方の実（優勢）をもって敵の虚（劣勢）を撃つと……	石を卵にぶつけるように敵を打ち崩せる

ようにできるのは、旗や太鼓などによる指揮方法が優れているからである。大人数の自軍が、敵のどんな攻撃にも応じて、決して敗れないのは、変化に対応する奇法と定石通りの正法を上手く使い分けているからだ。戦争をする場合、まるで石を卵にぶつけるように容易に敵を打ち破るのは、充実し整備された自軍が隙の多い敵を撃つ、つまり味方の実（強い部分）で敵の虚（弱い部分）を攻撃するからである。

解説

戦いにおいては有能な一人の武将よりも、組織の力が重視されるので、リーダーは人員の用い方について熟知しておく必要がある。同じ人数の組織でも、統率の仕方によってまったく違った力を発揮する。ビジネスでの組織運営に関しても同様のことが言えるだろう。

7 混乱を治めてこそ戦う態勢が整う

粉粉紜紜《ふんふんうんうん》として、闘乱して乱るべからず。混混沌沌《こんこんとんとん》として、形円《まる》くして敗るべからず。乱は治に生じ、怯《きょう》は勇に生じ、弱は彊に生ず。治乱は数なり。勇《ゆう》怯《きょう》は勢なり。彊弱は形なり。

（第五　勢篇）

大意

敵と味方が入り交じった混戦の状態でも、軍を乱さず、軍の統制を保てなくなっても、陣形が崩れなければ破られることがない。混乱は整合から生まれる。憶病は勇敢から生まれる。脆弱さは強靭さから生まれる。安定していると思っても、揺らぎ、不安定

戦いの中での変化に対応する

戦いの中では状況によって
統制・戦意・気力が移り変わりやすい。
常に下記の点に注意しつつ、戦わなければならない。

軍隊の編成	戦いに入るときの勢い	軍の置かれた態勢
整（整然） ↓ **乱**（混乱）	**勇**（勇敢） ↓ **怯**（臆病）	**強**（強さ） ↓ **弱**（弱さ）

となるものだ。混乱か整合かは軍の編成（分数）の問題である。憶病か勇敢かは戦の勢い（勢）の問題である。脆弱か強靭かは軍の態勢（形）の問題である。だから、分数と勢と形を心に留めてこそ、整合と勇敢と強靭を得られる。

解説

戦いにおける軍隊のように、組織には統制されているか、士気があるかどうか、そして実力があるかが大切である。しかもこれらは移り変わりやすいものだ。大手の企業でも市場の状況によっては混乱し、衰退しかねない。だから常に数（編成）、勢（戦いにおける勢い）、形（軍の態勢）に注意しつつ戦うようにしなければならない。競争における変化を見逃さずに、それらへの対処法をいつも考えておくべきである。

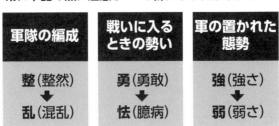

8 組織を一つにまとめるには

軍政に曰《いわ》く、「言うとも相い聞こえず、故に金鼓《きんこ》を為《つく》る。視《しめ》すとも相い見えず、故に旌旗《せいき》を為る」と。是の故に昼戦に旌旗多く、夜戦に金鼓多し。金鼓、旌旗なる者は人の耳目を一にする所以《ゆえん》なり。人既に専一なれば、則ち勇者も独り進むことを得ず、怯者《きょうしゃ》も独り退くを得ず。比れ衆を用うるの法なり。

（第七　軍争篇）

大意

古くからの兵法書には「口で伝えても聞こえないから銅鑼《どら》や太鼓を使う。指で示しても見えないから旗や幟を用意する」とある。だからこそ、昼には旗や幟《のぼり》を多く

大部隊を動かす方法

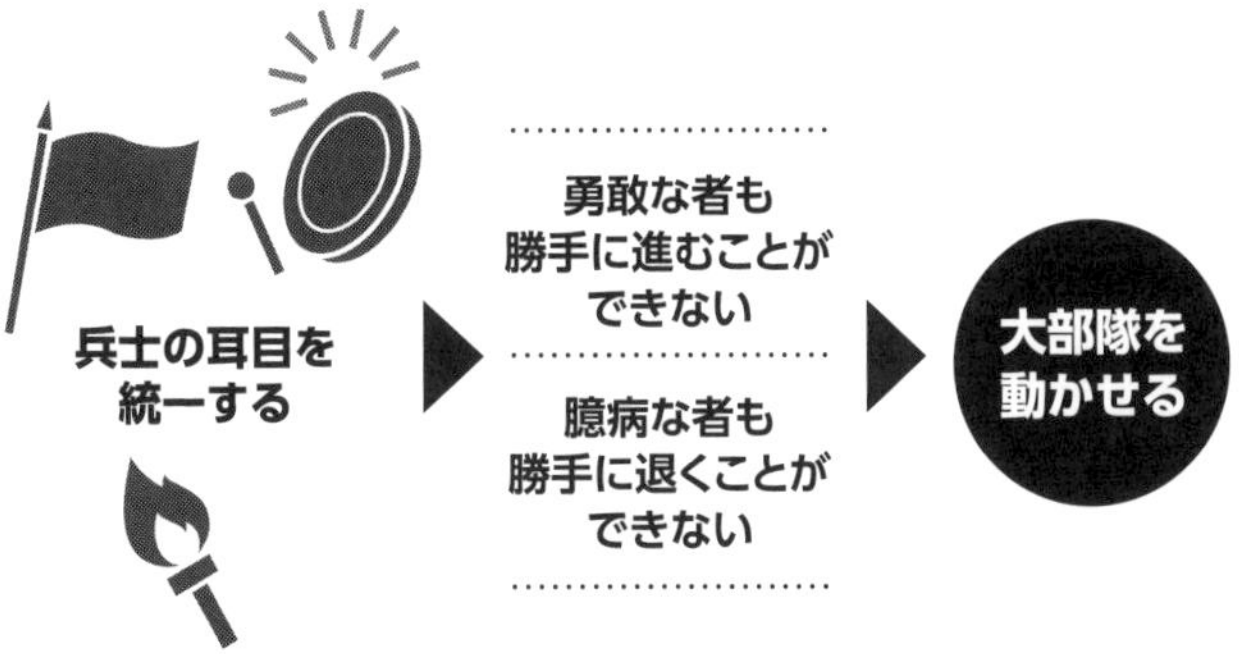

使い、夜は銅鑼や鐘を多く使うのである。銅鑼や太鼓、旗、幟は、兵士の耳と目を統一するためのものである。兵が集中し統一されていれば、敵軍の勇敢な者も勝手に進めず、臆病な者も勝手に退くことはできない。これが大部隊を動かす方法である。

解説

組織で一番大切なことであり、一番難しいことは「一丸となること」である。旗や太鼓で指示を出したときのように、全員が同じ方向に集中している組織ほど強いものはない。

現代では銅鑼などを使うことはないが、上の指示を下にうまく伝えるにはコミュニケーションが必要であることは昔から変わらない。組織内では緊密にコミュニケーションをとろう。

9 地形は兵力の保全にも大いに関係する

凡《およ》そ軍は高きを好みて下《ひく》きを悪《にく》み、陽を貴びて陰を賤《いや》しみ、生を養いて実に処《お》る。是れを必勝と謂い、軍に百疾なし。丘陵隄防《ていぼう》には必ず其の陽に処りて而してこれを右背にす。此れ兵の利、地の助けなり。

（第九　行軍篇）

大意

軍隊を駐留させるには高地を選んで、低地を避けなければならない。陽当たりがよくて東南の開けた場所が最適で、陽当たりのよくない場所は避ける。兵の健康に配慮し、水や草の豊かなところに布陣する。これが戦えば必ず勝つ布陣である。軍の士気を低

軍隊の駐留場所

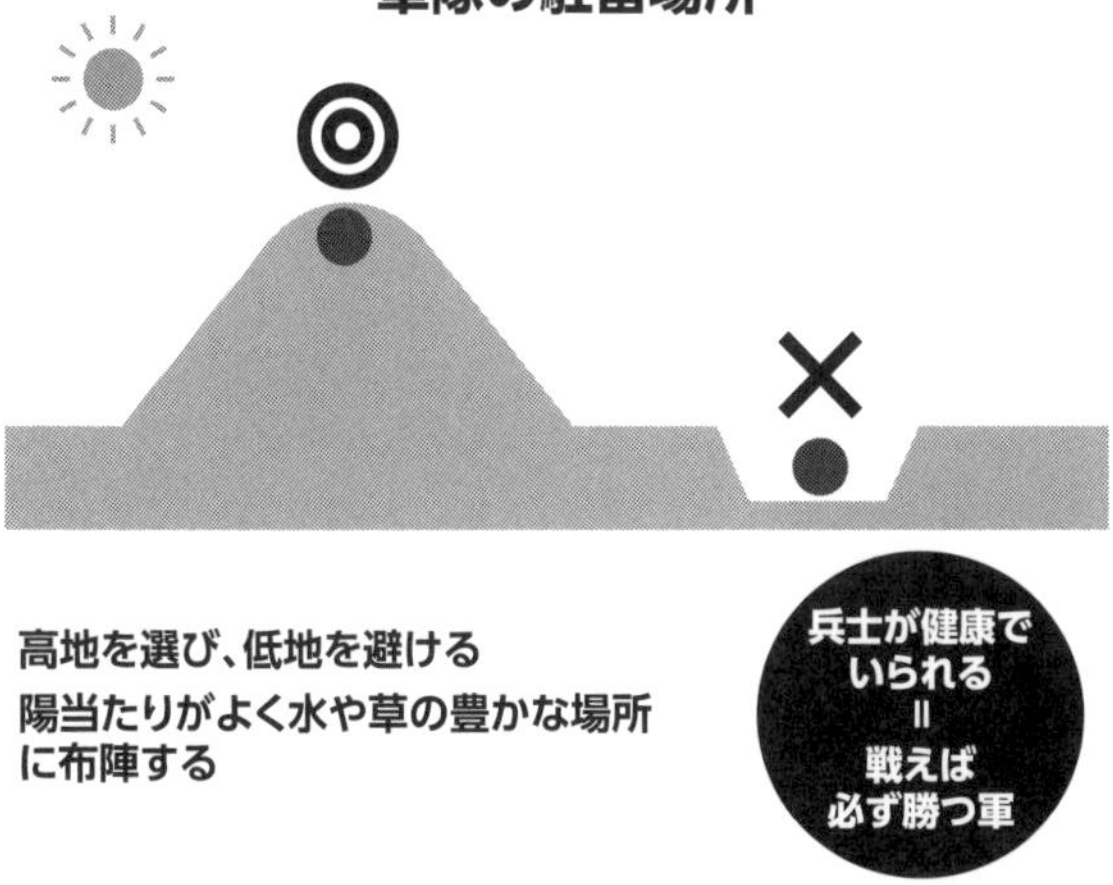
高地を選び、低地を避ける
陽当たりがよく水や草の豊かな場所に布陣する
兵士が健康でいられる
＝
戦えば必ず勝つ軍

下させる種々の疫病が発生することもない。丘陵や堤防のあるところでは必ず陽当たりのよい場所に軍を配置し、丘陵や堤防が右後方になるようにする。敵と対峙するとき、これが軍事上の有利な点となり、地形による援護を受けることになる。

解説

地形は単に戦闘のときに勝利を左右するだけではない。軍隊の保全、兵の健康管理にも大きな影響を与える。常勝の軍とはきちんと整備され、健康であることが基本なのだ。

現代のビジネス社会に置き換えると、布陣とはオフィスの立地である。陽当たりのよさなどは、社員の士気にも影響を与える重要な要素なのである。働きにくい環境では社員も十分に力を発揮できないので、配慮すべきだろう。

10 敵の動向から実情をつかみ優位に立つ

杖つきて立つ者は飢うるなり。汲《く》みて先ず飲む者は渇《かつ》するなり。利を見て進まざる者は労《つか》るるなり。鳥の集まる者は虚《むな》しきなり。夜呼ぶ者は恐るるなり。軍の擾《みだ》るる者は将の重からざるなり。旌旗《せいき》の動くは乱るるなり。吏《り》の怒る者は倦《う》みたるなり。馬に粟《ぞく》して肉食し、軍に懸缻《けんふ》なくして、その舎《しゃ》に返らざる者は窮寇《きゅうこう》なり。

諄諄《じゅんじゅん》翕翕《きゅうきゅう》として、徐《おもむ》ろに人と言《かた》る者は衆を失うなり。数〻《しばしば》賞する者は窘《くる》しむなり。数〻数罰する者は困《つか》るるなり。先きに暴にして後《のち》にその衆を畏《おそ》るる者は不精《ふしょう》の至りなり。来たりて委謝《いしゃ》する者は休息を欲するなり。兵怒りて相

迎え、久しくして合わず、又解き去らざるは、必ず謹しみてこれを察せよ。

（第九　行軍篇）

大意

兵が杖にすがって立っているのは、軍が飢えているからである。水汲みの兵が水を汲んで我先に飲むのは、軍が水に窮しているからである。敵が有利なはずなのに進撃しないのは疲労しているためである。多くの鳥が集まっているのは、軍営に兵がいないからである。敵兵が夜間に叫び声を上げるのは、敵が臆病で恐怖を感じているからである。敵の軍営が騒がしいのは将軍に威厳がないからである。軍旗の位置が定まらないのは、軍の秩序が乱れているからである。敵の官吏《かんり》が怒っているのは軍が疲弊しているからである。馬に兵の食料を与えたり、兵に肉食をさせ、釜などを始末し軍営に帰らないのは、窮地に追いやられた敵である。

敵の将軍が親しんで兵士と話をしているのは、将軍が求心力を失っているからである。敵の将軍が頻繁に兵に褒賞を与えているのは、その軍が士気を上げられず困っているからである。

敵の将軍が頻繁に兵士を懲罰しているのは、その軍が苦境に陥っているからである。兵士を乱暴に扱ってしまい、兵士の離反を恐れるのは、考えが行き届かず愚の骨頂である。敵の使者がやってきて貢物をして謝るというのは休戦し、しばらく兵を休ませたいからである。敵がいきり立って攻撃を仕掛けておきながら、戦おうともせず、また退こうともしないのであれば、自軍はその理由を必ず慎重に調査しなければならない。

解説

組織は窮地に陥ると、危険な兆候がさまざまに現れる。戦いにおいては敵の中にその兆候をよく観察し、こちらの対応法を間違えないようにしなくてはいけない。そのためにも、複数のルートで情報を確認し、敵の状況を正しく把握しておく必要がある。

逆に言えば、組織の上に立つ人は、どんな危機においても人心を掌握できるように普段から心がけておかなくてはいけない。

兆候を能く観察する

11 規律の遵守によって組織は一つになる

兵は多きを益ありとするに非ざるなり。惟《た》だ武進すること無く、力を併《あ》わせて敵を料《はか》らば、以て人を取るに足らんのみ。夫《そ》れ惟だ慮《おもんぱか》り無くして敵を易《あなど》る者は、必ず人に擒《とりこ》にせらる。

卒未だ親附せざるに而もこれを罰すれば、則ち服せず。服せざれば則ち用い難きなり。卒已《すで》に親附せるに而も罰行われざれば、則ち用うべからざるなり。故にこれを合するに文を以てし、これを斉《ととの》うるに武を以てす、是れを必取《ひっしゅ》と謂う。

令素《れいもと》より行われて、以て其の民を教うれば、則ち民服す。令素より行われず

して、以て其の民を救うれば則ち民服せず。令の素より信なる者は衆と相い得るなり。

（第九　行軍篇）

大意

戦争において、兵の数が多いほどよいというものではない。ただ猛進すればよいものではなく、戦力を集中し敵の状況を判断しながら戦えば、勝利できるだろう。そもそもよく考えもせずに、敵を軽く見る者は、敵の捕虜とされるだろう。

兵たちが将軍の戦術に慣れていないのに懲罰を行ってしまうと兵は心服しない。心服しないと兵を働かせにくいものだ。兵たちが将軍の戦術にすでに慣れているのに懲罰を行わないでいると、兵をうまく働かせることができない。だから、軍では恩賞と厳罰の順で統制するのであり、これを必勝の軍というのである。

普段から法令を徹底させ、それでもって兵を指揮・命令すれば兵は服従するが、普段から法令を徹底させず兵を教育しても、兵は服従しない。普段から法令が正当なものであれば、兵の心は一つになっているのである。

解説

『孫子』は数を大事にする。兵力は兵の多さに比例するのが基本である。しかし、それだけでは必勝の軍隊にはなれない。規律が緩めば、十の兵士が十の力を発揮できなくなる。それは勝敗に直結するからだ。

戦えば必ず勝つ軍隊のつくり方は、将軍と兵士が一体となっているということである。そのために必要なのが「恩賞と厳罰」、つまり信賞必罰である。決められた法令・基準に基づいて「恩賞と厳罰」を実行できたとき、兵士は軍に畏敬の念を抱き、最強、つまり必勝の軍隊をつくりあげることができるのだ。

これは戦争における軍隊という組織にのみに当てはまることではない。会社、自治体など組織全般についても言えることである。

ルールを守らなかった者は、きちんと罰したり降格したりするが、組織に利益をもたらす者、成果を挙げる者については、必ず恩賞が用意されている。これを公正公明に行えば、どの分野でも強い組織ができるのである。

必勝の軍隊をつくる

まだ将軍のやり方に慣れていないのに懲罰を行う

▼

兵士は心服しないので兵は動かしにくい

すでに将軍のやり方に慣れているのに
懲罰を行わない

▼

兵士をうまく動かせない

必勝の軍隊

12 自軍を敵地深くに置くと士気が極限に高まる

凡《およ》そ客と為る道、深く入れば則ち専らにして主人克《か》たず。饒野《じょうや》に掠《かす》むれば三軍も食に足る。謹《つと》め養いて労すること勿《な》く、気を併《あ》わせ力を積み、兵を運《めぐ》らして計謀し、測《はか》るべからざるを為し、しかる後にこれを往く所なきに投ずれば、死すとも且つ北《に》げず、死焉《いず》くんぞ得ざらん、士人力を尽くす。

兵士は甚だしく陥《おちい》れば則ち懼《おそ》れず、往く所無ければ則ち固く、深く入れば則ち拘《こう》し、已《や》むを得ざれば則ち闘《たたか》う。是《こ》の故に其の兵、修めずして戒め、求めずして得《え》、約せずして親しみ、令せずして信なり。祥《しょう》を禁じ疑いを去らば、死に至るまで之《ゆ》く所なし。吾が士に余財無きも貨を悪《にく》むに非ざるなり。余命なきも寿を悪むには非ざるなり。

令の発するの日、士卒の坐する者は涕襟《なみだえり》を霑《うるお》し、偃臥《えんが》する者は涕頤《あご》に交《まじ》わる。これを往く所なきに投ずれば、諸《しょ》・劌《かい》の勇なり。

（第十一　九地篇）

大意

　およそ敵国で戦う場合には、敵国の領内深くまで攻め込めば、自軍は結束し、敵軍は散地となり対抗できない。物資の豊かな地方を奪えば自軍の食糧も十分確保できる。自軍の兵士の体力を保ち疲労させないようにし、士気を高め戦力を蓄え、軍を動かして策謀し、その態勢を敵に察知させないようにして、そうしておいて自軍を戦うしかない状況にすれば兵士は決して敗走はしない。決死の覚悟を得られないことがあるはずがない。士卒はともに死力を尽くして戦うようになるのだ。

　兵士は極めて危険な状況に置かれると、もはや危険を恐れず、行き場のない状況に置かれると強い覚悟で戦うようになり、敵国に深くに入り込んだときには団結し、戦うべきときに必死に戦う。こうなると、軍隊は将軍が指導しなくても規律を守り、求めなくても力戦し、拘束しなくてもお互い助け合い、命令しなくても任務に忠実である。軍隊の中でありがちな、怪しげな占いや迷信を禁じて、余計な疑いが広まらないようにすれば、兵は乱れることがない。自軍の兵士たちに余分な財貨を持たせないのは、物資を嫌っているからではないし、残った命を投げ出すのは、長生きすることを嫌っているからではない（仕方なく決戦するからだ）。

決戦の命令が発せられた日には、兵士は悲憤慷慨して、座っている者は涙で襟を濡らし、横に臥せっている者は涙で顔を濡らすが、このような兵士たちをほかに行き場がない状況に入れれば、皆があの有名な専諸《せんしょ》や、曹劌《そうけい》のように勇敢になるのである。

解説

孫子はここで、敵国に攻め込んだときの戦い方、軍隊のあり方を詳しく説いている。全員が危機感を持つことが、一致団結して、死を恐れず、全力で戦う秘訣であるという。そのためにも、敵国の奥深くに攻め込み、戦って勝つ以外にないと説く。これは組織の統治でも使われていることだ。

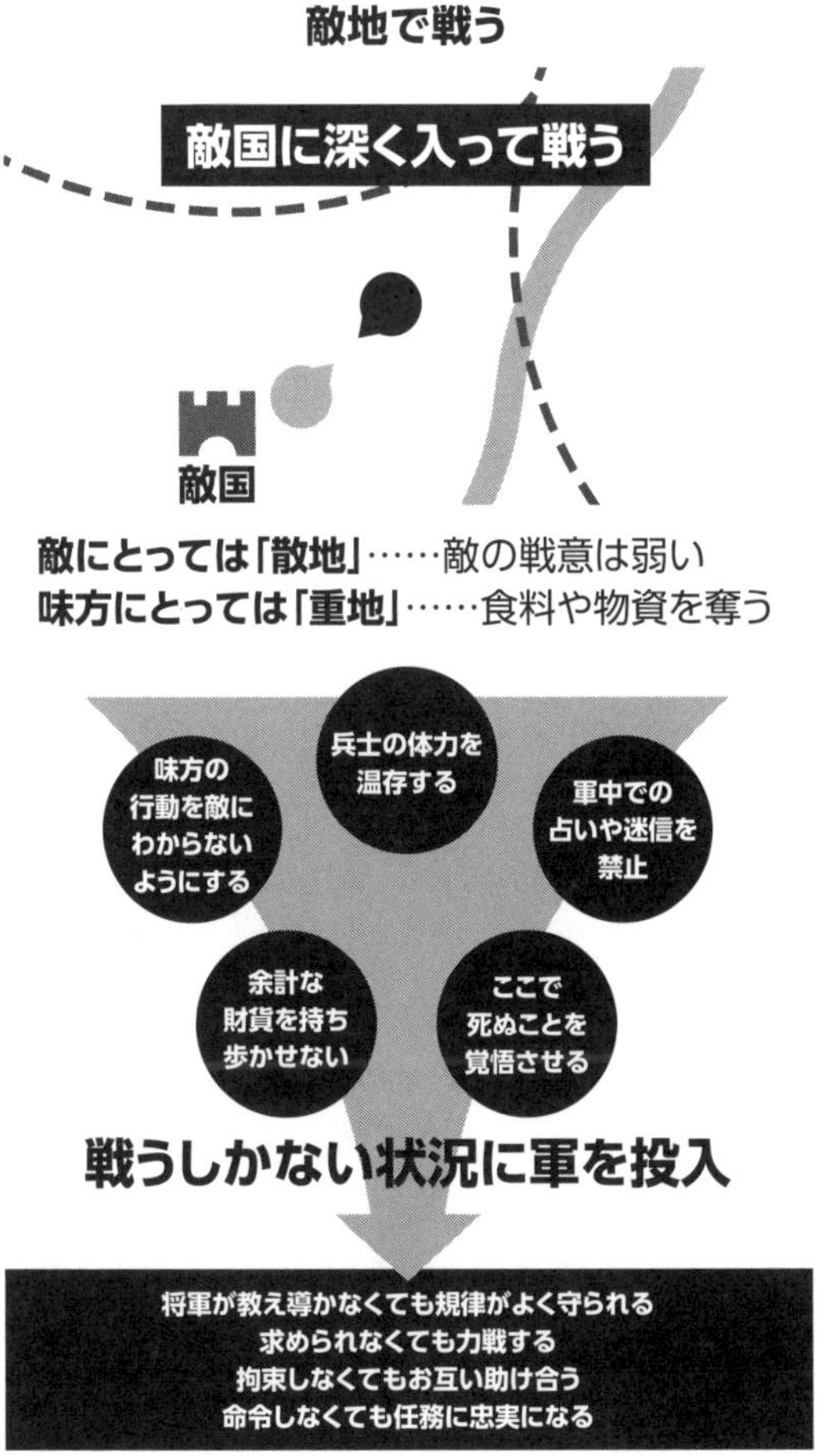
敵地で戦う
敵国に深く入って戦う
敵国
敵にとっては「散地」……敵の戦意は弱い
味方にとっては「重地」……食料や物資を奪う
兵士の体力を温存する
味方の行動を敵にわからないようにする
軍中での占いや迷信を禁止
余計な財貨を持ち歩かせない
ここで死ぬことを覚悟させる
戦うしかない状況に軍を投入
将軍が教え導かなくても規律がよく守られる
求められなくても力戦する
拘束しなくてもお互い助け合う
命令しなくても任務に忠実になる

13 窮地に陥れば仇敵同士も一致団結できる

故に善く兵を用うる者は、譬《たと》えば卒然《そつぜん》の如し。卒然とは常山の蛇なり。その首《しゅ》を撃てば則ち尾至り、その尾を撃てば則ち首至り、その中を撃てば則ち首尾倶《とも》に至る。

敢えて問う、兵は卒然の如くならしむべきか。曰《いわ》く可《か》なり。夫れ呉《ご》人《ひと》と越《えつ》人《ひと》との相悪《にく》むや、其の舟を同じくして済《わた》りて風に遇うに当たりては、其の相い救うや左右の手の如し。是の故に馬を方《つな》ぎて輪を埋むるとも、未だ恃《たの》むに足らざるなり。勇を斉《ととの》えて一の若《ごと》くするは、政の道なり。剛柔皆な得るは、地の理なり。故に善く兵を用うる者、手を攜《たずさ》うるが若くにして一なるは、人をして已《や》む

を得ざらしむるなり。

（第十一　九地篇）

大意

戦争の巧みな者は、たとえるならば〝卒然〟のようなものである。卒然とは、常山にいる蛇のことである。その頭を撃つと尾が助けにくる。その尾を撃つと頭が助けにくる。その腹を撃つと頭と尾が一緒に助けにくる。

「敢えてお尋ねするが、軍隊を卒然のようにすることができるか」と問われれば、「できる」と答える。そもそも呉の人と越の人はお互いに憎しみ合う仲だが、同じ舟に乗り合わせて川を渡っているときに、突然嵐に見まわれた場合、どれだけ仲が悪くても左手と右手の関係のようにお互いに助け合うものだ。卒然のようになるには、こうした危機を共有するという条件が必要である。このように馬をつなぎ留め、車輪を土に埋めて備えを固めても、頼りになるものでは決してない。軍隊を構成する勇者も怯者もともに勇敢に戦わせるためには、将軍による号令や命令などの発し方が重要である。剛健な者も脆弱な者も同じように十分な戦いをするのは、

チームをつくる

仲の良くない呉の人と越の人でも
舟に乗っているとき強風に見舞われれば助け合う

＝

戦わざるを得ない環境を
作ると一致団結する

「重地」や
「死地」で
戦うといった
環境を作る

一人を動かすように軍隊を動かすことができる

地形の道理によることである。だから、戦争の巧みな者が兵を、まるで手をつないでいるように一体となって、つまり卒然のように動かせるのは、兵たちを、兵たちが戦う以外にどうしようもない状況をつくるからである。

解説

日本でも有名な「呉越同舟」という故事成語は、『孫子』からの引用である。

現在の日本では、仲の悪い者同士が共通の目的のため協力する、という意味で使われている。

もともとは、たとえ仲が悪い者同士でも、助け合わざるを得ない状況になれば助け合うようになるという、リーダーに向けた組織指導法の教訓なのである。

コラム

ピグマリオン効果とゴーレム効果

『孫子』には「善く兵を用うる者は、譬えば率然のごとし」という言葉がある。「優れた将に指揮される兵士は卒然のような働きをする」という意味だ。

卒然というのは、常山に棲んでいるという蛇のことで、尾を切ろうとすると頭をもたげて反撃し、腹を撃つと頭と尾が同時に反撃してくるという。つまり、「卒然のような働き」とは、この蛇のように全員が目標に向かって連携できるようになることを指すというわけだ。

ではこのような組織をつくるため、一体どのように部下を指導すればよいのだろうか。

心理学の用語に「ピグマリオン効果」というものがある。他者からの期待を受けることで学習や仕事などで成果を出すことができる効果のことだ。口に出して褒める、失敗があっても否定ではなく前向きな言葉をかける、裁量を与えるなど、「自分は期待をかけられている」と感じさせることで部下は自主的に行動するようになるという。ピグマリオン効果とは逆の作用として、「ゴーレム効果」というものもある。よきリーダーとして上手く「ピグマリオン効果」を利用してもらいたいものだ。

14 覇王の軍隊は強さと存在感で勝利する

是の故に諸侯の謀を知らざる者は、預《あらかじ》め交《まじ》わること能《あた》わず。山林・険阻《けんそ》・沮《そ》沢《たく》の形を知らざる者は、軍を行《や》ること能わず。郷導《きょうどう》を用いざる者は、地の利を得ること能わず。此の三者、一も知らざれば、覇《は》王《おう》の兵に非ざるなり。

夫れ覇王の兵、大国を伐つときは則ちその衆、聚《あつ》まることを得ず、威敵に加わるときは則ち其の交合《がっ》することを得ず。是の故に天下の交を争わず、天下の権を養わず、己の私を信《の》べて、威は敵に加わる。故に其の城は抜くべく、其の国は堕《やぶ》るべし。

無法の賞を施し、無政の令を懸《か》くれば、三軍の衆を犯《もち》うること一人を使うが若《ごと》し。これを犯うるに事を以てし、告ぐるに言を以てすること勿《なか》れ。これを犯うるに利を以てし、告ぐるに害を以てすること勿れ。これを亡地に投じて然る後《のち》に存し、これを死地に陥《おとしい》れて然る後に生く。夫れ衆は害に陥《おちい》りて然る後に能《よ》く勝敗を為す。

（第十一　九地篇）

大意

諸侯の謀略を知らないのでは、前もって親交や同盟を結ぶことはできない。山林や険しい地形や湿地帯のことがわからないのでは軍隊を進めることはできず、その土地の道案内を使えないのでは地形の利益を得ることはできない。この三つのうち一つでも知らないのでは、覇王の軍隊になることはできない。

そもそも覇王の軍隊が大国を攻撃すれば、その大国の軍隊は離散してしまい、集まることもできない。もし覇王の軍の勢いが敵国を上回ってしまえば、敵国は孤立し、他国と同盟することはできない。したがって、天下の国々と親交し同盟を結ぼうとはせず、また天下の権力を無理に自分の身に集めようとしなくても、自分の思い通りにやれば勢いが敵国を蔽っていくものだ。なので敵の城も落とすことができ、敵の国も滅ぼすことができるのである。

法外に厚い褒賞を施したり、通常の定めとは違う非常措置の禁令を掲げるなら、全軍の大部隊を動かすのも、たった一人を動かすのも同じようなものだ。軍隊を動かすにあたっては、ただ有利なことだけを伝え、その害になることを伝えてはならない。兵の誰にも知られずにその軍が全滅するような状況に投げ入れてこそはじめて全滅から免れ、死から逃れがたい状況に陥ってこそ、はじめて生き延びることができる。そもそも兵たちは、そうした危険な状況に陥って、はじめて奮戦し、勝敗を自分たちで決することができるのである。

解説

覇王の軍、すなわち天下無敵の軍はまず、すべてのことを知っていなくてはいけない。接する国々の状況や腹のうち、そして地形、さらにはそれに応じた戦い方である。すると堂々とした戦い方もできることになる。

現代における組織の運営に関しても、情報の収集を欠かさないことで、競争力を持つことができると言えるだろう。

覇王の軍隊

覇王の軍隊となる条件

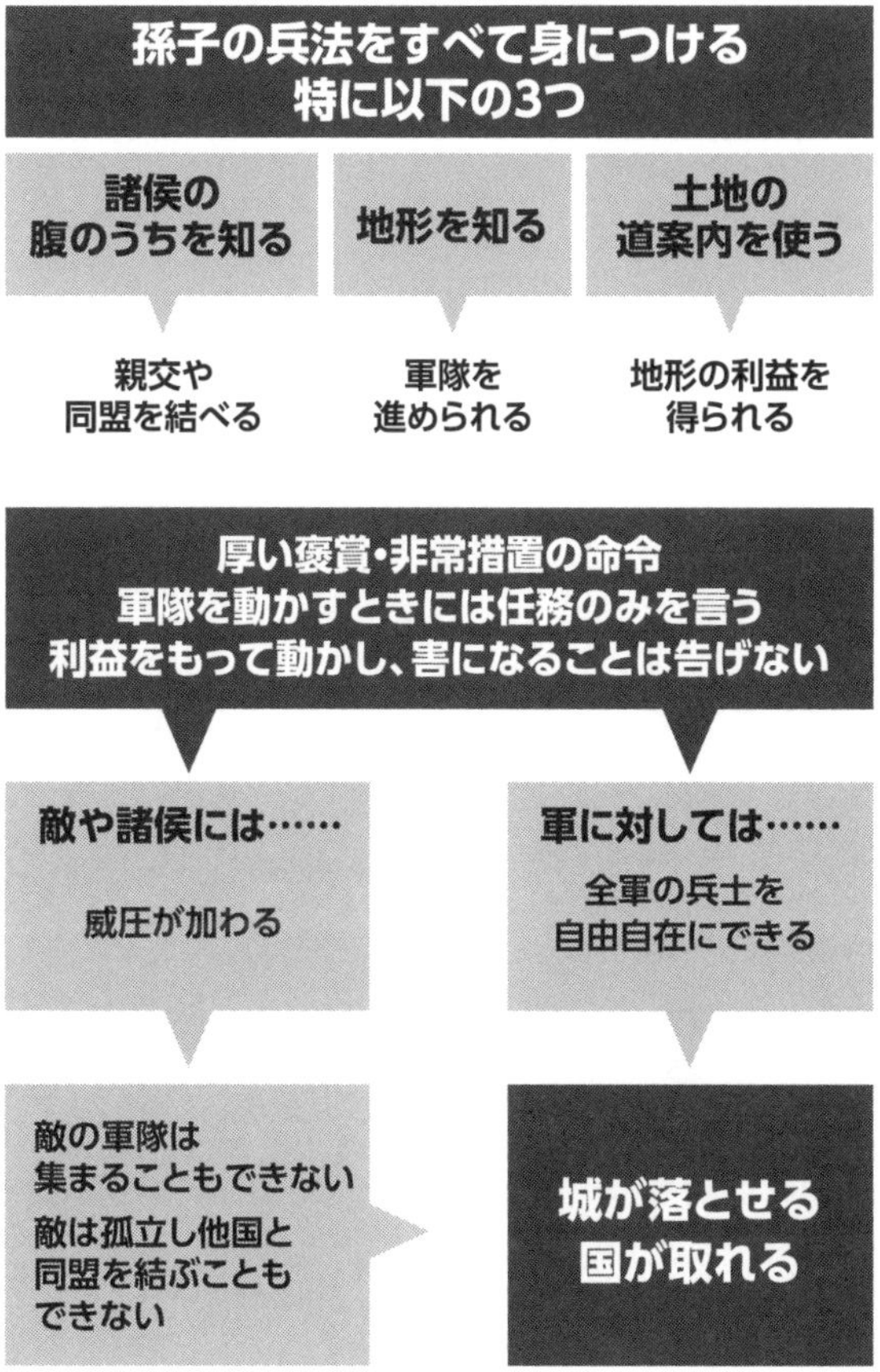
孫子の兵法をすべて身につける
特に以下の3つ
諸侯の
腹のうちを知る
地形を知る
土地の
道案内を使う
親交や
同盟を結べる
軍隊を
進められる
地形の利益を
得られる
厚い褒賞・非常措置の命令
軍隊を動かすときには任務のみを言う
利益をもって動かし、害になることは告げない
敵や諸侯には……
威圧が加わる
軍に対しては……
全軍の兵士を
自由自在にできる
敵の軍隊は
集まることもできない
敵は孤立し他国と
同盟を結ぶことも
できない
城が落とせる
国が取れる

コラム 管理できる部下の人数は?

「スパン・オブ・コントロール」という言葉を聞いたことがあるだろうか。経営学において、1人の管理職が同時にコントロールできる部下の人数を意味する。一般的には5~7人ほどだと言われており、それ以上を1人で管理しきることは難しくなる。

『孫子』にも「衆を治むること、寡を治むるが如くなるは、分数これなり」という一文がある。多くの人を管理するときに、少人数を統御するのと同じ効果をあげるには、人々をいくつかの集団に分けて編成するのがよいということだ。

孫子は部隊の最小単位を5人とした。限られたリソースしかない小さなチームのほうが生産性が高いという調査もあるように、少人数のチームでそれぞれの役割を割り振られることで当事者意識や仲間意識が生まれチームが一つになるのだ。

ただし、「スパン・オブ・コントロール」は、業務内容や業務レベル、システム、社内制度などの様々な要因によって左右されるとされている。チームの様子を見ながら、臨機応変に対応しよう。

第4章

リーダーの心得

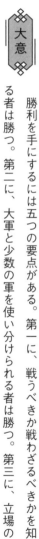

1
勝つためには部下を信頼して任せろ

故に勝を知るに五あり。戦うべきと戦うべからざるとを知る者は勝つ。衆《しゅう》寡《か》の用を識《し》る者は勝つ。上下の欲を同じうする者は勝つ。虞《ぐ》を以って不虞を待つ者は勝つ。将の能《のう》にして君《きみ》の御《ぎょ》せざる者は勝つ。此の五者は勝を知るの道なり。

（第三　謀攻篇）

大意

勝利を手にするには五つの要点がある。第一に、戦うべきか戦わざるべきかを知る者は勝つ。第二に、大軍と少数の軍を使い分けられる者は勝つ。第三に、立場の

勝ちを知る要点

❶ 戦うべきか戦わざるべきかを判断できるか？

❷ 兵の寡多によって使い分けができるか？

❸ 上の者と下の者の心が一つであるか？

❹ 油断している敵に、十分な備えをもって対しているか？

❺ 将軍が有能で、かつ、主君が干渉しないか？

上の者と下の者が心を一つにしていれば勝つ。第四に、準備を怠らず、油断している敵と対すれば勝つ。第五は、将軍が有能で、主君がそれに干渉しなければ勝つ。これらが勝利を知るための方法である。

解説

孫子は勝利を手にする要点として五つを挙げている。ビジネスの世界では、第一は判断力、第二は人員の統率を取ること、第三にチームワークと信頼関係、第四に十分な準備や努力の積み重ねと言い換えることができるだろう。

第五に補佐する者に有能な人を用い、その人に権限を与え、あれこれ干渉しないことを求めている。

成果を挙げるには組織のトップとリーダーの信頼関係が大切であり、トップは余計な干渉をしてはいけないのだ。

2 できる人は状況を自らつくりだす

勝を見ること衆人の知る所に過ぎざるは、善の善なる者に非ざるなり。戦い勝ちて天下善なりと曰うは、善の善なる者に非ざるなり。故に秋毫《しゅうごう》を挙ぐるは多力と為《な》さず、日月を見るは明目《めいもく》と為さず、雷霆《らいてい》を聞くは聡耳《そうじ》と為さず。古《いにし》えの所謂《いわゆる》善く戦う者は、勝ち易きに勝つ者なり。故に善く戦う者の勝つや、奇勝無く、智名も無く、勇功も無し。故に其の戦い勝ちて忒《たが》わず。忒わざる者は、其の勝を措《お》く所、已《すで》に敗《やぶ》るる者に勝てばなり。

故に善く戦う者は不敗の地に立ち、而して敵の敗を失わざるなり。是《こ》の故に勝兵は先ず勝ちて而る後《のち》に戦いを求め、敗兵は先ず戦いて而る後に勝を求む。

（第四　形篇）

大意

勝利を分析するのに、市井の人々の判断と同じように結果から判断するのでは優れているとは言えない。まだ態勢のはっきりしないうちに分析しなければならない。戦に勝ち、市井の人々と同じように誉め讃えるのは、優れているとは言えない。無形の勝ち方をしなければならない。

そのため、軽い毛一本を持ち上げられるからといって力持ちとは言えず、太陽や月が見えるからといって目が鋭いとは言えず、雷の響きが聞こえるからといって耳がよいとは言えないのである。古来より戦巧者は勝ちやすい状況を巧みにつくり上げて戦に勝ったのである。

だから戦巧者といわれている人は、人目を引くような勝ち方ではなく、智謀の優れた名誉もなければ、武勇の優れた功績もないのだ。戦巧者が戦えば間違いなく勝つが、その間違いない勝利とは、戦う前に勝つための準備をすべて終えて、なす術もなくすでに破れることが確実になった敵に勝ったものだからである。

だから、戦巧者といわれている人は、絶対に負けない態勢をつくっておいてから、敵が態勢を崩したそのときを見逃さないのである。このように、勝利する軍とは、まず勝利を確実にしてから戦いを始めるが、敗れる軍隊はまず戦ってみてから勝利を求めようとするのである。

解説

有名であることと有能さは、必ずしも比例しない。できる人、つまり真の実力者は自分の力でよい状況をつくりだすことができ、当たり前のように勝利を収めているものだ。

孫子の見解に基づくと、神業のごとく智謀をくりだし、いくつもの危機を乗り越えた軍師・諸葛孔明《しょかつこうめい》は実は最高の戦巧者ではなかったかもしれない。

一方、曹操《そうそう》は孫子の提唱した兵法について熱心に研究していたためか、当たり前のように勝つ。故に智謀の名声もないし、関羽《かんう》や張飛《ちょうひ》ほどは武勇の功績も残らない。孫子の意に沿うなら曹操のほうが戦巧者と言える。

勝つ理由

普通の人は……

戦い方が巧い

智謀があったから

勇猛であったから

から勝つと思う

▼

実は、本当の理由は……

勝ちやすい状況・
絶対に負けない態勢を
作ってから戦う

敵の敗れる機会を
見逃さなかった

から勝つのだ

負ける軍隊	勝つ軍隊
まず戦う	勝つ状況を作り出す
▼	▼
勝利を目指す	戦う

3 戦の巧みな人は政治的手腕も優れている

善く兵を用うる者は、道を修めて法を保つ。故に能く勝敗の政を為す。

（第四　形篇）

大意

戦巧者は、人心を一体にできるようによい政治をして、さらに軍の編成など軍制を遵守する。だから戦争が始まったとき、兵が思うように動き、勝敗を決することができるのである。

解説

実際の戦いにいつも勝つ人というのは、まず何よりも態勢づくりが優れている。つまり、人の心を一つにし、しっかり規律を守らせる。だから強いのだ。

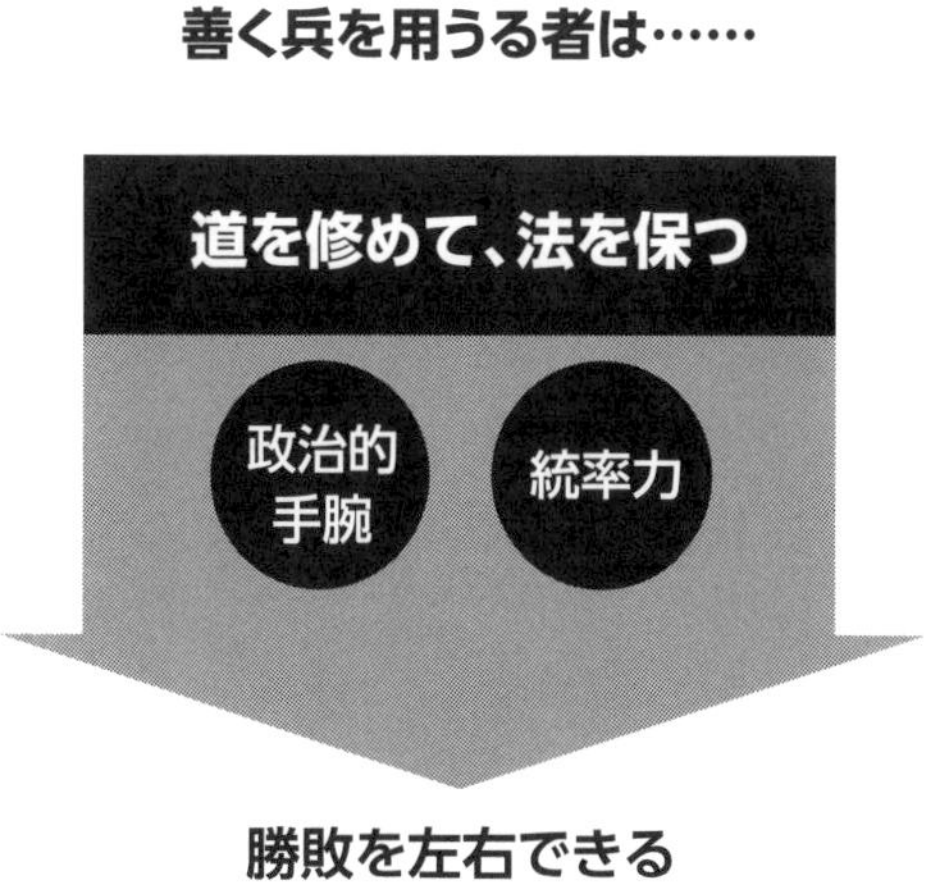

これは組織のリーダーとして行動するときの心得ともいえる。

戦に強く、政治家として優れているとされる歴史上の人物といえば、曹操が頭に浮かぶ人も多いのではないだろうか。

後漢末期、董卓《とうたく》に反旗を翻し、歴史の表舞台に立った曹操は、「治世の能臣、乱世の奸雄《かんゆう》」とも呼ばれ、多くの戦いに勝ち、力を蓄えていった。

ちなみに、現代に伝わる『孫子』の兵法は曹操がまとめたといわれている。組織をまとめようとするときに必要な心得は、何千年経っても変わらないのかもしれない。

4 勢いがつくれるリーダーを目指すべし

故に善く戦う者は、これを勢《せい》に求めて人に責《せ》めず、故に能《よ》く人を択《えら》びて勢に任ぜしむ。勢に任ずる者は、其の人を戦わしむるや木石を転ずるが如し。木石の性は、安ければ則ち静かに、危うければ則ち動き、方なれば則ち止まり、円なれば則ち行く。故に善く人を戦わしむるの勢い、円石を千仞《せんじん》の山に転ずるが如くなる者は、勢なり。

(第五　勢篇)

勢をつくる

勝利を勢いに求めて、人にその責任を求めない

まず勢いをつくってしまう 人材の適切な配置 ➡ よく戦う兵士

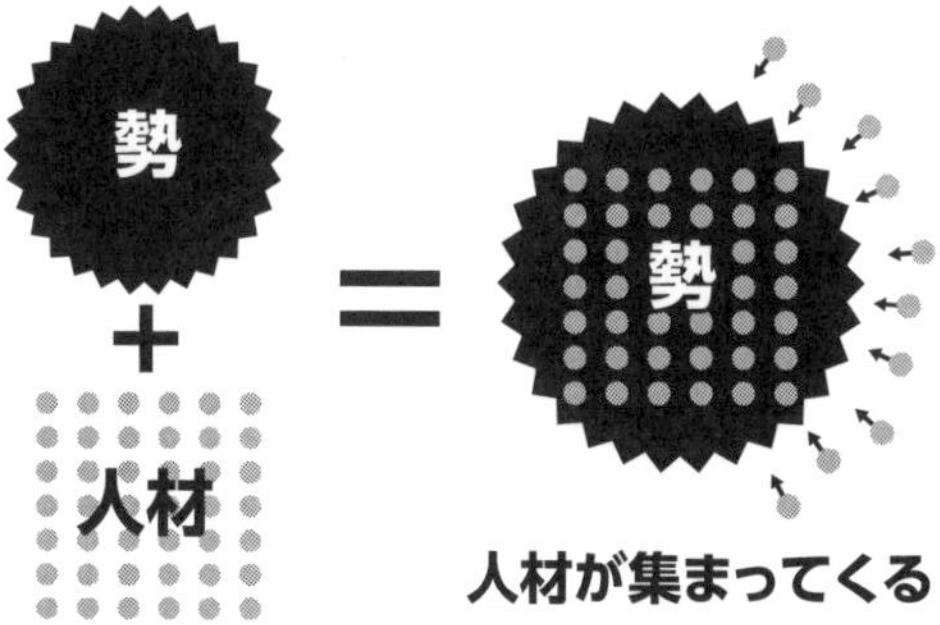

大意

戦巧者は戦いの勢いによって勝利しようとし、人材に依存しない。そうすることで、さまざまな長所を持つ人を戦場に送り、勢いのままに従わせることができる。そういう人物が兵を戦わせるのは、まるで木や石を転がすように簡単なものである。木や石の性質は、平らなところに置けば静かに止まるが、傾いたところに置けば動き出す。方形であれば止まったままだが、丸ければ動き出す。だから、戦巧者が部下を戦わせるという勢いは、丸い石を千尋の高い山から転がすようなものだが、これが戦いの勢いなのである。

解説

実力がないリーダーの口癖は「人材がいない」である。こういったリーダーは、成功できないのを他人のせいにしてしまう。

一方で、いつも勝利を手にするリーダーは個人の力だけに頼らず、部下の責任を問うこともなく、まず組織の勢いをつくってしまう。そこに人を投入すれば勢いの中で人も活きるし、人も育っていく。もちろん戦いにも負けることはないのである。

「三国志」の時代、どの国も人材不足に悩んでいた。魏《ぎ》、呉《ご》、蜀《しょく》と三つの国が覇を競うのであるから、人材も三分されるのは当然だ。それぞれのトップは強烈な個性の持ち主だ。自分が思い描く国家を実現するために、兵を動かし、政《まつりごと》をつかさどる。理想の実現には、実働部隊が必要になる。その人材がどの国も不足するのは、三つも国があるのだから当然だ。だから、有能な大臣や将軍が他国に引き抜かれるのは多々あった。中でも、魏の曹操は人材獲得に熱心だったと伝わっている。

現代でも人材不足は大きな問題となっている。これからの時代に求められるリーダーとは、人的リソースに依存せず、仕事の勢いをつくることができる人間と言えるだろう。

コラム

東アジアに影響を与えた儒家

諸子百家の中で最も影響力が大きかったのは儒家だ。

孔子はその祖である。彼の生きた春秋時代は、周が力を失ってしまい、社会秩序が混乱していた。不安定な社会から再び安定した社会に戻すために、周の時代に戻るべきだと説いたのである。その第一歩として、周の時代におこなわれていた礼を復活させる必要があり、礼が習慣化すれば、自分以外の他者に対する愛情（仁）が洗練され、安定した社会が再び構築されると考えたのである。孔子が礼を大切だと考えたのは形式ではなく、その形式に込められた相手を敬う気持ちが大切だと考えたのだ。

お辞儀をするのは相手を敬う気持ちを込めたものなのだ。葬儀が大切なのは、死者を悲しむ気持ちが大切だからだ。このように、礼に込められた気持ちを孔子は仁と名付けた。仁が育まれる慣習としての礼の実行ができる社会を理想としたのである。

孔子のあと、孟子、荀子、朱子、そして王陽明と儒家の思想は受け継がれていき、日本のみならず東アジア全域にその影響が及んだ。

5 トップに信頼されるリーダーになれ

塗《みち》に由《よ》らざるところあり。軍に撃たざる所あり。城に攻めざる所あり。地に争わざる所あり。君命に受けざる所あり。

（第八　九変篇）

大意

進軍にあたって軍はどこを通ってもよいと思いがちだが、通ってはいけない道もある。攻撃にあたってどの敵も攻撃してもよいと思いがちだが、攻撃してはいけない敵もいる。どの城も攻撃してもよいと思いがちだが、攻撃してはいけない城もある。どの土地も略奪してよいと思いがちだが、略奪してはいけない土地もある。主君からの命令はどれを

軍隊を動かす原則

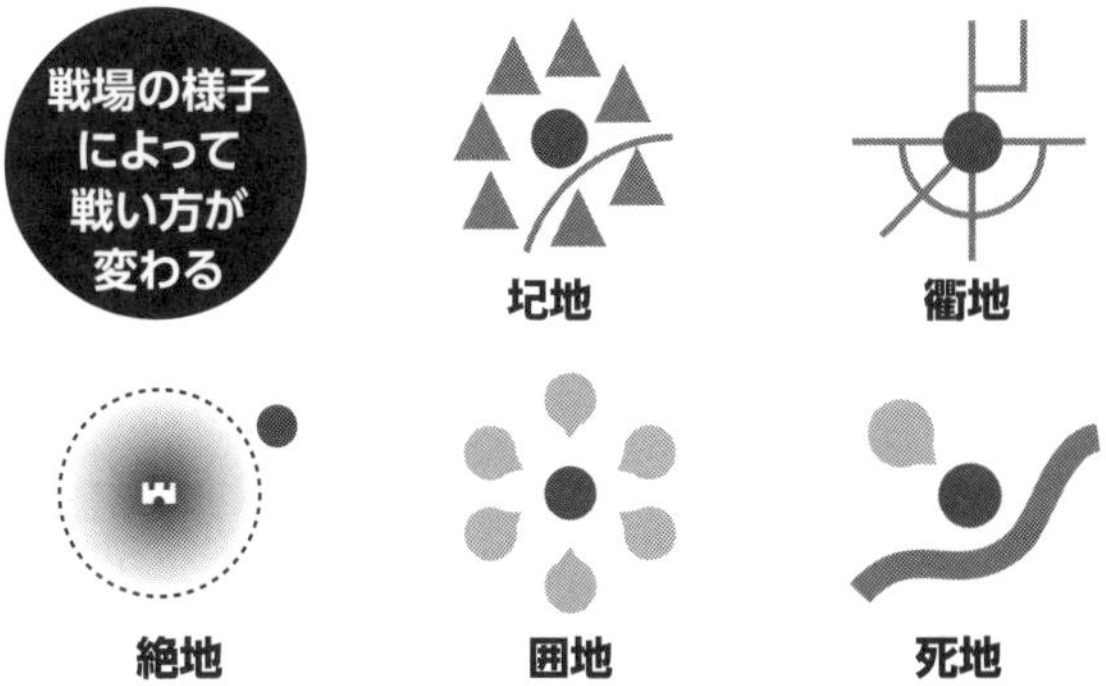

現場の状況によっては、主君の命令でも受けてはいけないものもある。

受けてもよいと思いがちだが、受けてはいけない命令もあることは覚えておくべきだ。

解説

将軍を現代の会社組織に置き換えれば、部門のリーダーや、中間管理職に相当する。彼らは社内でもその道に精通しているエキスパートであるが、組織のトップは彼らの仕事を信用するべきで、むやみやたらに干渉したりしてはいけない。

リーダーも組織のトップに言われることをただ聞いていてはいけない。自らの責任において引きうけたことや、約束したことはきちんと果たし、トップに心配をかけてはいけない。

6 嫌われることを恐れるな

故に将に五危あり。必死は殺され、必生は虜《とりこ》にされ、忿速《ふんそく》は侮《あなど》られ、廉潔《れんけつ》は辱《はずか》しめられ、愛民は煩《わずらわ》さる。凡《およ》そ此の五者は、将の過《あやま》ちなり、用兵の災《わざわい》なり。軍を覆《くつがえ》し将を殺すは、必ず五危を以てす。察せざるべからざるなり。

（第八　九変篇）

大意

将軍が注意しなくてはいけない五つの危険がある。必死に戦うことしか知らない者は殺され、生きるばかり考え勇気のない者は捕虜となり、短気で怒りっぽい者は侮られ計略にはまり、利欲がなく清廉な性格の者は辱しめられて計略にはまり、兵を愛しすぎ

将軍の5つの危険（五危）

①	必死に戦うことしか知らない	殺される
②	生きることしか考えない	捕虜になる
③	短期で怒りっぽい	挑発され計略にかけられる
④	廉潔すぎる	恥ずかしめられワナにかかる
⑤	兵や民衆を愛しすぎる	苦労する

る者はその世話で苦労をさせられる。これらの五つの過失は将軍が戦う際に妨げとなる。軍隊を全滅させ、将軍を戦死させるのは、必ずこの五つの危険のいずれかなので十分な注意が必要である。

解説

リーダーは孤独だとよく言われる。これは、『孫子』のこの箇所を学べばよくわかる。リーダーたる者の役割は結果を出すことにある。だから、いかに性格が潔癖であろうと、部下をかわいがろうと、そのことによってライバルにつけこまれては何にもならない。必要な場面では部下に嫌われることもあってよいのだ。最大の目的は何か、を決して忘れてはいけない。

7 リーダーは安全を確保せよ

孫子曰《いわ》く、地形には、通《つう》ずる者有り、挂《さまた》ぐる者有り、支《わか》るる者有り、隘《せま》き者有り、険なる者有り、遠なる者有り。

我れ以て往くべく彼以て来たるべきは曰《すなわ》ち通ずるなり。通ずる形は、先ず高陽に居り、糧道を利して以て戦えば、則ち利あり。以て往くべきも以て返り難きは曰ち挂ぐるなり。挂ぐる形は、敵に備え無ければ出でてこれに勝ち、敵若《も》し備え有れば出でて勝たず、以て返り難くして不利なり。我れ出でて不利、彼れも出でて不利なるは、曰ち支るるなり。支るる形は、敵、我れを利すと雖も、我れ出ずること無かれ。引きてこれを去り、敵をして半《なか》ば出でしめてこれを撃つは利なり。

隘き形には、我れ先ずこれに居れば、必ずこれを盈《み》たして以て敵を待つ。若し敵先ずこれに居り、盈つれば而《すなわ》ち従うこと勿《なか》れ、盈たざれば而ちこれに従え。険なる形には、我れ先ずこれに居れば、必ず高陽に居りて以て敵を待つ。若し敵先ずこれに居れば、引きてこれを去り、従うこと勿れ。遠き形には、勢い均《ひと》しければ、以て戦いを挑《いど》み難く、戦えば則ち不利なり。

凡《およ》そこの六者は地の道なり。将の至任《しにん》にして察せざるべからざるなり。


（第十　地形篇）

大意

孫子は言う、地形には通じ開けたものがあり、障害の多いものがあり、細かく道が分かれたものがあり、狭いものがあり、険しいものがあり、遠いものがある。

自軍が進むことができ、敵もくることができる通行に障害のない地形を「通じ開けた地形」

と呼ぶ。この地形では、見通しがよくて陽の当たる高地を敵よりも先に占拠し、食糧補給の道を確保して戦えば有利になる。進むことは簡単だが引き返すのが難しい地形である。障害の多い地形では、敵に準備が不十分であれば戦っても勝てるが、もし敵が準備していれば、勝つことは難しく、引き返すことも難しく不利となる。こちらが進軍しても不利で、敵軍が出てきても不利なのは、細かく道が分かれた地形である。細かく道が分かれた地形では、こちらが有利なように敵に誘い出されてもつられてはならない。それよりも軍隊を退却させて、敵の半分が出てきたところを反撃すると、有利になる。両側の山が迫った谷間の狭い地形では、先にこちらがその場を占拠すれば、敵兵が固まっている場合は攻撃してはならず、散らばっている場合は攻撃してよい。

険しい地形では、先にその場を占拠している場合には、必ず見通しのよく陽の当たる高地に布陣するようにし、敵がくるのを待つべきである。もし敵が先にその場を占拠している場合には、軍を退却させて攻撃してはならない。敵と自軍の陣地が遠く隔たっている地形で、両軍の兵力が等しい場合には、戦いを仕掛けるのは難しく、戦うと不利になる。

これらの六つのことは、いずれも地形を利用する法則であり、将軍の最も重大な責任であるから、十分に考察しなければならない。

地形を利用する法則

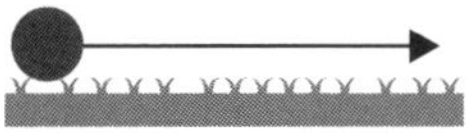

通（交通の発達した地形）

見通しのよい陽の当たる高地を
先に占拠し、食糧補給の道を
確保しておくようにして戦う。

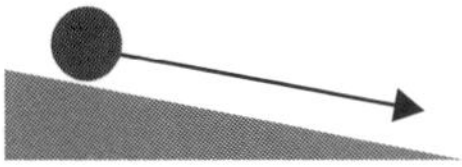

挂（進むことはできるが
引き返すことは難しい地形）

もし敵に防備がなければ出撃して勝てる。
もし敵が防備している場合には、出撃しても
勝つことができず引き返すことも難しく不利。

支（味方が出撃すると不利になり
敵が出撃しても不利な地形）

たとえ利益で誘われても戦いにでていけない
軍隊を退却させ、それに応じて敵の半分が
でてきたところを反撃すると有利

隘（山の谷間といった地形）

先に占拠している場合は出入口に兵力を集中して
敵が来るのを待つべき。もし敵が先に占拠し、出入
口に兵力を集中している場合には攻撃してはいけない。
そうでない場合は攻撃してよい。

険（険しい地形）

先に占拠している場合は必ず見通しのよい
陽が当たる高地にいて敵の来るのを待つべき。
もし敵が先にその場を占拠している場合には
軍隊を退却させて攻撃してはならない。

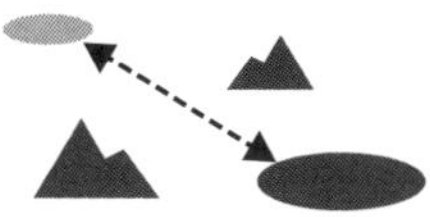

遠（敵と味方の陣地が
遠く隔たっている地形）

双方の実力が等しい場合は
戦いをしかけるのは難しく
戦うと不利になる。

地形を利用する法則は
将軍の重大な任務と責任である。
十分に考察しなければならない。

解説

　戦争においては地形は補助的な条件かもしれないが、その利用は勝敗に大きな影響を与える要素にもなる。戦史研究においても、その戦いのときの地形がどうだったのかは念入りに調査されるので主要なテーマだと言えるだろう。

　ビジネスマンは戦場では戦わないが、たとえば同業他社や業界の動向など、周囲に気を配り目を光らせるリーダーが必要である。また、社外だけではなく社内でも、そういったリーダーが部下を見守る体制が必要なのである。

コラム　中華で受け入れられたもう一つの思想――道教

道教は混沌を基盤に考える。すべては安定せずに変化していくという考えである。その祖は老子で、その混沌を「道」と名付けた。これはあらゆるモノ（万物）がつくられる以前から存在していたとしている。遥か過去から遥か未来にまで存在する混沌が「道」なのである。

道は、見たり触れたりすることができない。言葉で表現することもできない。存在するか感知できないモノを老子は「無名」と名付けた。つまり、道は無名とも考えられる。そして万物は道から生まれ、変化し、道に戻るというのだ。

道徳や文化など人間が作った価値も、そこに含まれ、常に変化し、道に戻る、つまり無になるのである。絶えず変化して、いつかは消える文化や道徳という価値観にとらわれていては、幸せにはなれない。道に従って生きるのか賢明だと老子は説くのである。

日本において道教の影響はあまり大きくないと思われるが、実は鏡開きや七夕、お中元など、道教に端を発する行事は数多くあるように、日本人の生活に根付いているのである。

8 部下を甘やかしてはいけない

卒を視ること嬰児《えいじ》の如し、故にこれと深谿《しんけい》に赴《おもむ》くべし。卒を視ること愛子の如し、故にこれと倶《とも》に死すべし。厚くして使うこと能《あた》わず、愛して令すること能わず、乱れて治むること能わざれば、譬《たと》えば驕子《きょうし》の若《ごと》く、用うべからざるなり。

（第十　地形篇）

大意

将軍が兵士を治めるのに、兵士を赤ん坊のように大切にすれば、それによって、深い谷底のように危険な接地にも行けるようになる。将軍が兵をわが子のように深

良い将軍とは

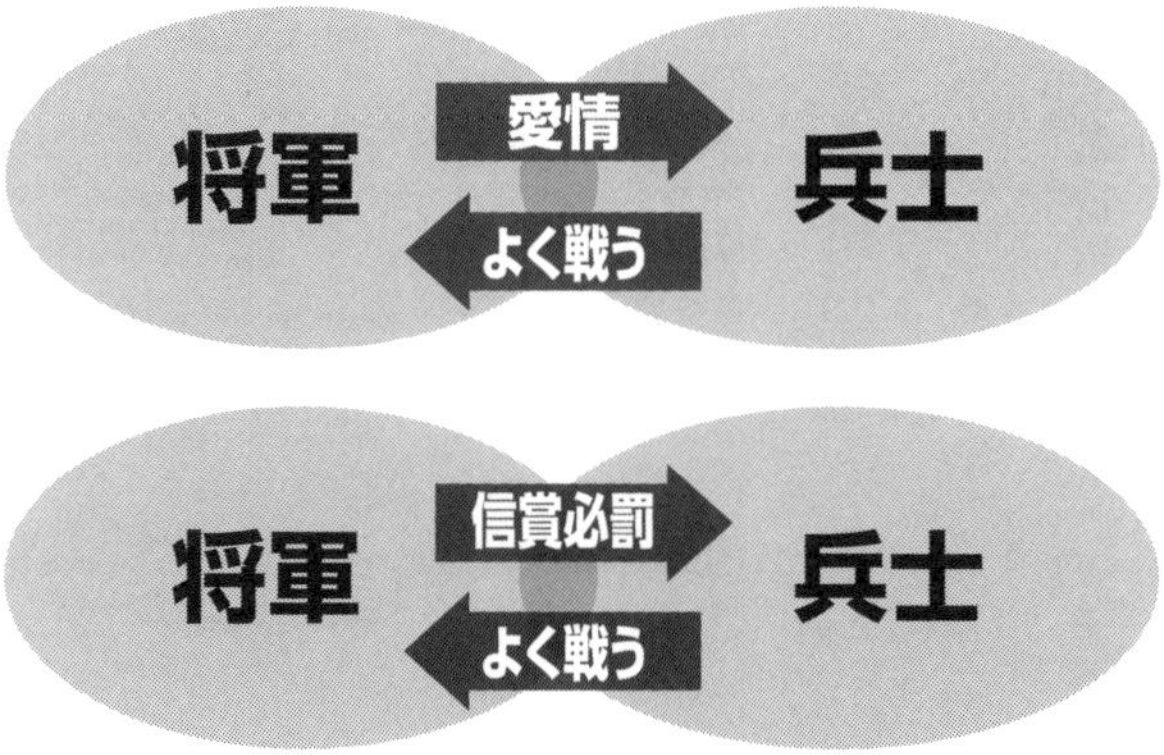

い愛情を持って大切にすれば、それで兵士たちと生死をともにできるようになる。しかし、愛し、いたわるのはよいが、手厚く扱うだけで仕事をさせず、かわいがるだけで命令もできず、軍規違反をしてもそれを制止できないようでは、わがままな子どものようなものであり、何の役にも立たない。

解説

強い軍隊は将軍と兵の信頼関係がまるで親子のように厚い。それは、親のような優しさと、彼らを思うが故の厳しさがあるからだ。

現代の組織でもリーダーは厳しくも温かく、よい意味で親身に部下に接しなければならない。

9 部下を成長させるには

将軍の事は、静かにして以て幽《ふか》く、正しくして以て治まる。能く士卒の耳目を愚《ぐ》にして、これをして知ること無からしむ。其の事を易《か》え、其の謀《はかりごと》を革《あらた》め、人をして識《し》ること無からしむ。其の居を易え其の途《みち》を迂《う》にし、人をして慮《おもんぱか》ることを得ざらしむ。帥《ひき》いてこれと期すれば、高きに登りて其の梯《はしご》を去るが如、深く諸侯の地に入りて其の機を発すれば、群羊を駆るが若《ごと》し。駆られて往き、駆られて来たるも、之《ゆ》く所を知る莫《な》し。三軍の衆を聚《あつ》めてこれを険に投ずるは、此れ将軍の事なり。九地の変、屈伸の利、人情の理は、察せざるべからざるなり。

（第十一　九地篇）

大意

将軍の仕事とは、心を静かにし正大で常に公正であることだ。軍の計画を伝えないように兵士の耳と目を使えないようにする。上官同士の連絡方法もやり方を何度も変え、計画を改めて兵にわからないようにし、駐屯地を変え、故意に行路を遠回りしたり、兵に推察されないようにする。軍を率いて任務を与えるときは、高いところに登らせてから、そのはしごを外してしまうように（戻りたくても戻れず、他へ行けないように）する。自軍を率いて敵国の土地に深く侵入して決戦を行うときは、羊の群れを追いやるように（兵士たちが従順に命令に従うように）するべきだ。追いやられてあちこちを移動するが、どこに向かっているのかは誰にもわからない。このようにして全軍の兵士を集めて、決死の覚悟を持たざるを得ない危険なところに投入する。これが将軍たる者の仕事なのである。九地（九つの地形）の変化、状況に応じての軍の進撃、退却することの利害、人間の心理の把握など、将軍はよく考察しておかなくてはならない。

解説

リーダーたる者には、組織の目的・目標については明確に指示するが、そこに至るまでの方法や道順については部下たちが読めないようにしておくことが求められる。知ることで怯えたり、戦意を喪失したり、情報が漏れたりする危険があるからだ。一番怖いのはスパイなどによってこちらの動きを見抜かれることだ。

疑いも恐れも持たずに牧童に導かれる羊の群のように彼らを動かして、正念場で力を爆発させることが理想である。

戦場の兵士たちは、いきなり敵地の奥深く決戦の場に投入されると、ここで死にもの狂いで戦うしかないと覚悟する。散地で戦わざるを得ない敵兵は、その気迫と気勢に圧倒され、ついに敗退する。

このようにして、敢えて退路を立つことで、部下の力を発揮させる手もある、ということだ。

将軍の仕事(1)

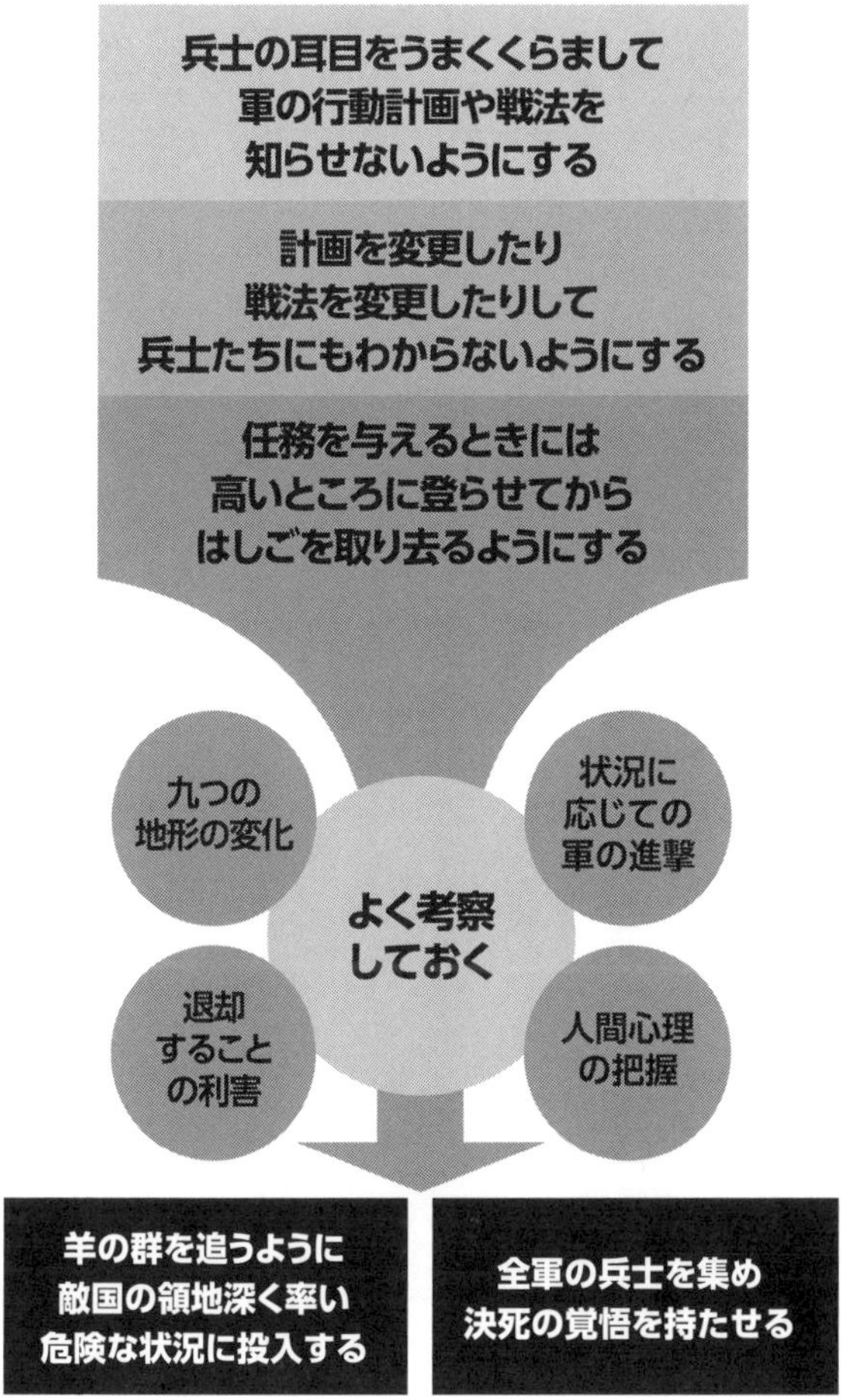
兵士の耳目をうまくくらまして
軍の行動計画や戦法を
知らせないようにする
計画を変更したり
戦法を変更したりして
兵士たちにもわからないようにする
任務を与えるときには
高いところに登らせてから
はしごを取り去るようにする
九つの地形の変化
状況に応じての軍の進撃
よく考察しておく
退却することの利害
人間心理の把握
羊の群を追うように
敵国の領地深く率い
危険な状況に投入する
全軍の兵士を集め
決死の覚悟を持たせる

10 敵国に進撃するときは深くまで兵を進める

凡《およ》そ客たるの道は、深ければ則ち専らに、浅ければ則ち散ず。国を去り境を越えて師ある者は絶地なり。四達する者は衢《く》地《ち》なり。入ること深き者は重地なり。入ること浅き者は軽地なり。背《はい》は固にして前は隘《あい》なる者は囲地なり。往く所なき者は死地なり。

是《こ》の故に散地には吾の将《まさ》に其の志を一にせんとす。軽地には吾れ将にこれを属《つづ》かしめんとす。争地には吾れ将にその後に趨《うなが》さんとす。交地には吾れ将にその守りを謹まんとす。衢地には吾れ将にその結びを固くせんとす。重地には吾れ将にその食を継がんとす。圮《ひ》地《ち》には吾れ将にその塗《みち》を進めんとす。囲地には吾れ将にその闕《けつ》を塞《ふさ》がんとす。死地には吾れ将にこれに示すに活《い》きざるを以てせんとす。故に兵の情は、囲まるれば則ち禦《ふせ》ぎ、已《や》むを得ざれば則ち闘い、過ぐれば則ち従う。

（第十一　九地篇）

大意

敵国に進軍した兵士たちは、領内深くに入り込めば危機に一致団結するが、侵入が浅ければ危機で離散してしまうものである。自国を離れ国境を越えて敵国に進軍した所は絶地である。絶地の中で、四方に通じる所は衢地であり、敵国に深く進軍した所は重地であり、敵地に浅く入った地は軽地であり、背後が険しく前方が狭い地は囲地であり、どこにも逃げ場のない地は死地である。

だから、散地では兵が離散しやすいため、私は心を一つにしようとする。軽地では、私は軍隊がバラバラにならないように連続させようとする。争地では、先に到着するのが有利なので、私は遅れている軍を急がせる。交地では、道が通じて開けている所なので、私は守備を念入りに強化する。衢地では、外国諸侯たちの中心地であるから、私は隣国の諸侯との同盟を固めようとする。重地では、敵国の奥深くなので、私は軍の食糧補給を絶やさないようにする。圮地では、行動が困難であるから、私は素早く軍を通過させようとする。囲地では、退路が開けられているので、戦意を強くするために、私は退路を塞ごうとする。死地では、懸命に戦わなければ滅亡するので、私は兵に死を覚悟させて戦わせるようにする。だから兵の心理としては、敵に包囲されたなら、命じられなくても敵に立ち向い、戦わざるを得ない状況になれば、必死に闘い、あまりにも危険な状況になれば、従順になるのである。

解説

『孫子』の兵法は、徹底した合理主義思考に人間心理、集団心理の深い考察を加味し、地形や場所に合わせた戦い方を説くものである。部下や率いる組織が一致団結して、実力を発揮すべきところで奮闘できるよう、人の心理を利用して環境を整えたら、勝利をおさめやすくなるだろう。

そのため、リーダーは日頃から部下の行動や置かれている環境をよく把握し、世話を焼き、課題を与え、心を摑んでおかなくてはならない。

将軍の仕事(2)

① 散地	自国の領地 兵士の戦意が散漫	遅れて出発したとしても敵より先に到着するようにする
② 軽地	敵国に少し入ったところ・戦意希薄	軍隊相互を離れないようにする
③ 争地	戦術上有利なところ	遅れて出発したとしても敵より先に到着するようにする
④ 交地	敵も味方も戦いやすいところ	守備を念入りに強化する
⑤ 衢地	諸国に隣接するところ	隣国諸侯との同盟関係を固める
⑥ 重地	敵国深く侵入したところ・重苦しい心	食糧補給を絶やさないようにする
⑦ 圮地	行軍に困難なところ 奇襲に弱い	速やかに軍を通過させる
⑧ 囲地	少ない兵でも大軍を攻撃可能なところ	逃げ道を塞ぎ士気を高め兵を戦わせる
⑨ 死地	絶体絶命のところ	兵士に死を覚悟させ戦わせる

11 優れたリーダーは感情に左右されない

故に火を以て攻を佐《たす》くる者は明なり。水を以て攻を佐くる者は強なり。水は以て絶つべきも、以て奪うべからず。

夫れ戦勝攻取して其の功を修めざる者は凶なり。命《なづ》けて費留《ひりゆう》と曰う。故に、明主はこれを慮り、良将はこれを修め、利に非ざれば動かず、得るに非ざれば用いず、危うきに非ざれば戦わず。主は怒りを以て師を興すべからず。将は慍《いきどお》りを以て戦いを致すべからず。利に合えば而《すなわ》ち動き、利に合わざれば而ち止む。怒りは復《ま》た喜ぶべく、慍りは復た悦ぶべきも、亡国は復た存すべからず、死者は復た生くべからず。故に明主はこれを慎み、良将はこれを警《いまし》む。此れ国

を安んじ軍を全《まつと》うするの道なり。

（第十二　火攻篇）

大意

そもそも戦争で勝ち、攻撃して奪い取っても、戦争を終結させずに、無駄に続けるのは不吉なことで、無駄な費用を使うことを費留というのである。故に賢明な主君は深く考え、優れた将軍も戦争を終わらせ軍を整える。有利でなければ軍を動かさず、危険が迫っていなければ戦わない。主君は怒りで軍を動かすべきではなく、将軍は憤りで戦をはじめてはいけない。国や軍にとって有利なら戦いを起こし、有利でなければ戦いを起こさない。怒りはいずれ収まって、また喜ぶようにもなれるし、憤りもいずれ静まって、また愉快になれるが、滅びた国は二度と建て直すことはできず、死んだ人間は再び生き返ることはない。故に賢明な主君は戦争には慎重であり、優れた将軍は戦争を戒める。これが国家を安泰にし、軍隊を保全する方法である。

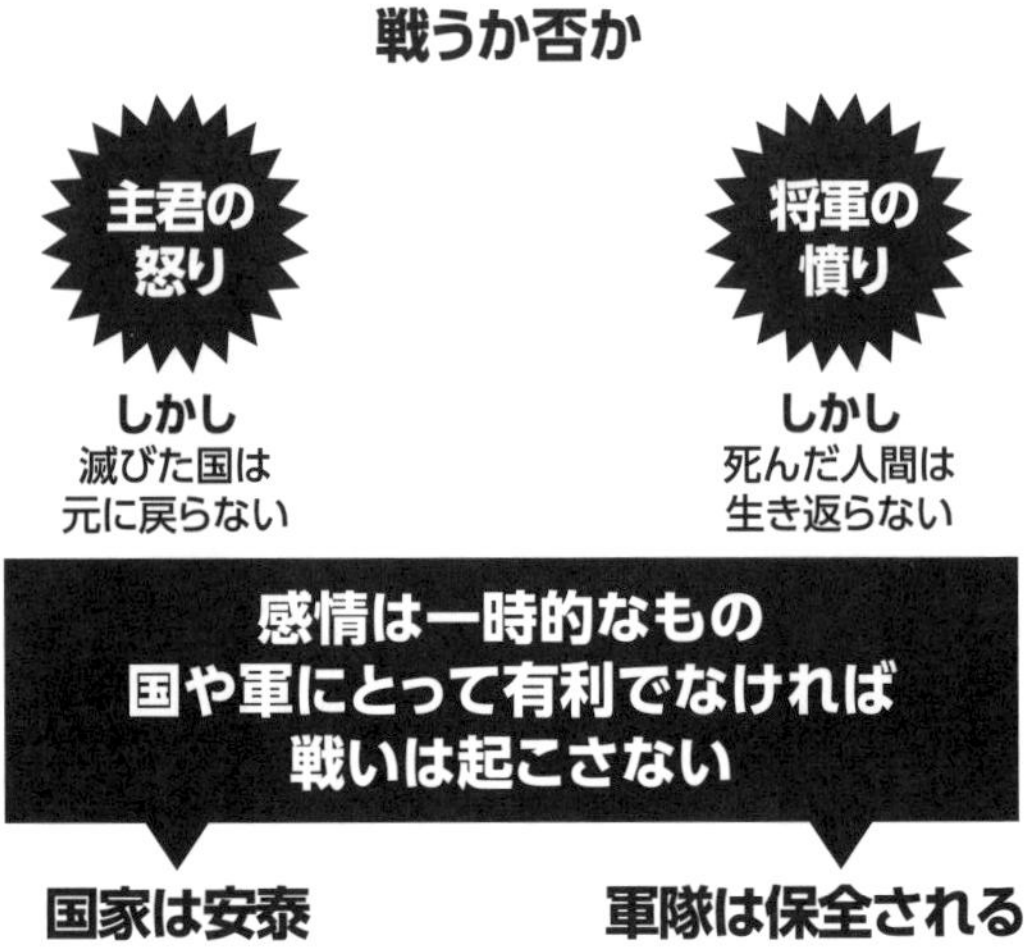
戦うか否か
主君の怒り
しかし
滅びた国は
元に戻らない
将軍の憤り
しかし
死んだ人間は
生き返らない
感情は一時的なもの
国や軍にとって有利でなければ
戦いは起こさない
国家は安泰
軍隊は保全される

解説

感情で組織や部下を動かすと、本来の目的以上に心身が消耗したりする。これを回復させるのは時間も手間もかかり、大変なことになるので、リーダーは軽々しく感情に任せて行動してはいけない。

逆に、身を慎むことを知っている謙虚なリーダーは、部下を無駄に消耗させず、組織を安定して運営できるだろう。

コラム

儒教と道教の対立

同じ時期に発展した儒教と道教は対立した存在だった。

「大道廃れて仁義あり。知恵いでて大偽あり。六親和せずして孝慈あり。国家昏乱して忠臣あり」と、老子は孔子の儒家思想を批判している。

「親孝行とか忠臣とかいうものは、身内の仲違いや国政の乱れがあるからこそ言われることである。本来あるべき「大道」が失われたからこそ、儒家思想で強調される「仁義」が必要になる」と儒教の形式主義を否定し、道教の優位を説いた。

儒教が説く仁や礼は、世の中が乱れているから必要となるのであって、仁や礼を必要としない社会をつくり、人間本来の生き方に立ち返るべきというのが道教の考えである。この人間本来の生き方というのが、「道」なのである。ものごとの本来の在り方、つまり自然に従うことである。これを「無為自然」という。その生き方は「上善如水」つまり水のように争うことなく恵みをもたらすありさまであり、「柔弱謙下」つまり争いごとをせずにへりくだる、自然界を重視したものである。

12 情報の真偽を見抜く力をつける

故に三軍の親《しん》は間《かん》より親しきは莫《な》く、賞は間より厚きは莫く、事は間より密なるは莫し。聖智に非ざれば間を用うること能《あた》わず、仁義に非ざれば間を使うこと能わず、微妙に非ざれば間の実を得ること能わず。微なるかな微なるかな、間を用いざる所なし。間事未だ発せざるに而も先ず聞こゆれば、間と告ぐる所の者と、皆死す。

（第十三　用間篇）

スパイの使い方

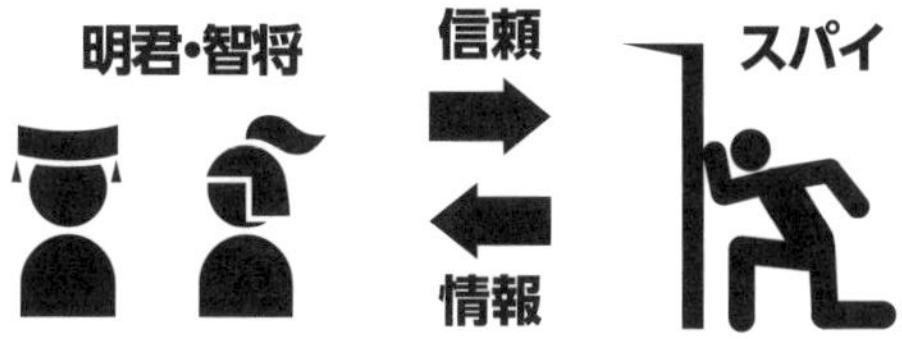
明君・智将
信頼
情報
スパイ

スパイを使う主君に必要なもの

①厚い恩賞	信頼性の高い情報が得られない
②優れた知恵	情報が使えない
③深い愛と情と義理	スパイを思い通り動かせない
④物事の機微を洞察する力	真実の情報を理解することができない

大意

全軍の中で、将軍は間諜よりも親密に接する者はおらず、間諜より恩賞を厚遇される者はおらず、聡明でなければ間諜を扱うことはできず、間諜へ愛情と誠実さがなければ使いこなすことはできず、心配りがなければ間諜が持ってきた情報の真偽を見抜くことができない。何と微妙で奥深いことか。間諜は常には用いられ、間諜からの情報が発表前なのに外部からもたらされた場合、その間諜とその情報を持ってきた者を死罪にしなければならない。

解説

スパイを使いこなせる指導者の条件をここで詳しく述べている。スパイは危険な役割なので使う者は彼らを好遇することは必須であった。部下への配慮を忘れてはいけない。

13 敵のスパイを味方にする

凡《およ》そ軍の撃たんと欲《ほっ》する所、城の攻めんと欲する所、人の殺さんと欲する所は、必ず先ず其の守将・左右・謁者《えっしゃ》・門者・舎人《しゃじん》の姓名を知り、吾が間《かん》をして必ず索《もと》めてこれを知らしむ。

必ず敵陣の間来たりて我を間《かん》する者を索め、因《よ》りてこれを利し、導きてこれを舎《しゃ》せしむ。故に反間得て用うべきなり。是れに因りてこれを知る、故に郷間、内間得て使うべきなり。是れに因りてこれを知る。故に死間誑事《きょうじ》を為して、敵に告げしむべし。是に因りてこれを知る、故に生間期の如くならしむべし。五間の事は主必ずこれを知る。これを知るは必ず反間に在り。故に反間は厚くせざるべからざるなり。

（第十三　用間篇）

大意

攻撃しようと思っている敵軍、攻略しようとする城、殺そうと決めている人物については、必ずそれらを守る将軍、左右に控える側近、取り次ぎの者、門番、宮中の役人の姓名を把握しておき、味方の間諜に情報をさらに集めさせなくてはならない。

また、こちらの情報を探りにきた間諜は、つけ込んでその者に利益を与え、誘い込んでこちらにつかせるようにする。そうして反間として使えるようにするのである。この反間によって敵の情報がわかるから、郷間も内間も効果的に使うことができる。この反間によって敵の状況がわかるから、死間を使って偽りの情報を敵に告げさせることができる。この反間によって敵の内情を知ることができるから、生間を当初の予定通りに活動させることができる。このように五種類の間諜の使い方を主君はよく知っておかなければならないが、敵の情報を手に入れるにあたっては反間が最も重要な役割を持っている。だから反間を厚遇する必要があるのだ。

大物スパイと呼ばれる人物ほど二重スパイになりやすい。有力な情報を持ち、相手にもそれを与えられるからだ。そしてだからこそ、一級の情報が手に入れられるのだ。

解説

孫子は大物スパイの持つ情報に目をつけ、とにかく彼らを厚く優遇して、こちらの味方にしてしまうことを奨励する。いや、むしろそれは必須だと強く説いているのである。

そのためにも、スパイを使いこなせる四つの要件を満たす必要がある。それは「智謀の才」「気前のよさ」「人たらし」「信義の厚さ」である。この要件は、まさに理想のリーダー、最高のリーダーとなれる要件と言い換えてもよい内容である。

人たらしの性格と気前のよさで仲間をつくり、信義の厚さで仲間との絆を深め、智謀の才で仲間を操るのである。

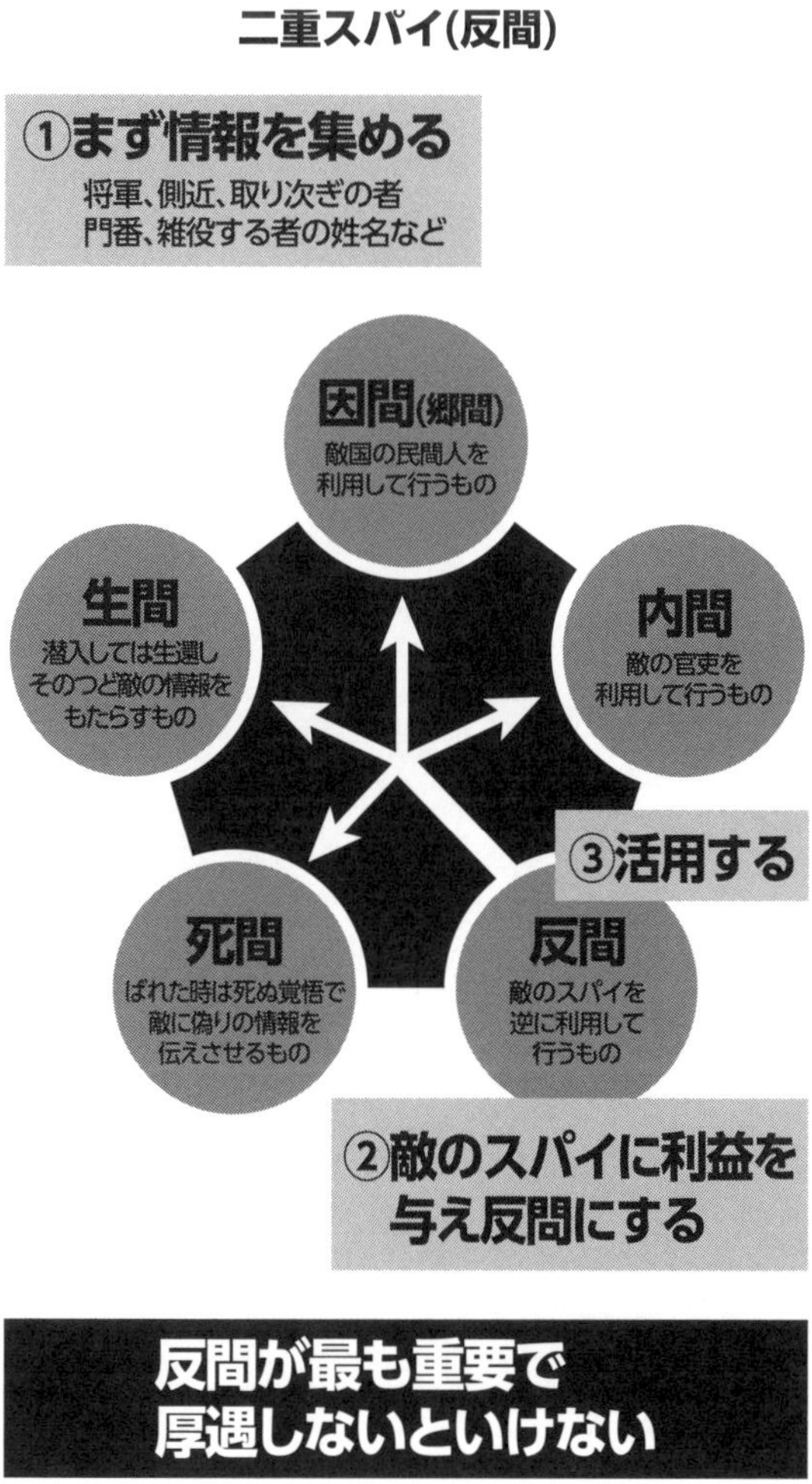
二重スパイ(反間)
①まず情報を集める
将軍、側近、取り次ぎの者
門番、雑役する者の姓名など
因間(郷間)
敵国の民間人を
利用して行うもの
生間
潜入しては生還し
そのつど敵の情報を
もたらすもの
内間
敵の官吏を
利用して行うもの
③活用する
死間
ばれた時は死ぬ覚悟で
敵に偽りの情報を
伝えさせるもの
反間
敵のスパイを
逆に利用して
行うもの
②敵のスパイに利益を
与え反間にする
反間が最も重要で
厚遇しないといけない

コラム

老子と孫子の共通点

老子と孫子には共通点がいくつかある。

有名なところでは、「水」に理想を見出すという点だ。

老子は、その思想の根本概念として道を説くが、それを水に例える。水は形がなく、どんな姿にでも変化し、どんな場所にも形をあわせる。それでいて、万物を潤し成長させる。そのような水の姿に、老子は世界の理想を託したのだろう。

孫子も、軍隊の理想の姿を水によって表現することがよくある。敵に、こちらの実情をさらすのは最も危険な行為だ。姿を隠し、柔軟に変化していく。それでいて、一旦挙兵した後は巨大なエネルギーを発する。そのような軍隊の理想形が水に似ているというのだ。

その内容から、老子の考えは、『孫子』に大きな影響を与えたといわれている。それだけではなく、法家の「韓非子」にも影響がみられる。現実主義の孫子と韓非子に影響を与えた老子から、「現実主義者は理想主義者でなければならない」という考えも読み取れるだろう。

第5章

交渉の心得

1 戦わずして勝つことこそ至上

孫子曰《いわ》く、凡《およ》そ用兵の法は、国を全《まっと》うするを上《じょう》と為《な》し、国を破るはこれに次ぐ。軍を全うするを上と為し、軍を破るはこれに次ぐ。旅《りょ》を全うするを上と為し、旅を破るはこれに次ぐ。卒《そつ》を全うするを上と為し、卒を破るはこれに次ぐ。伍を全うするを上と為し、伍を破るはこれに次ぐ。是《こ》の故に百戦百勝は善の善なる者に非ざるなり。戦わずして人の兵を屈するは善の善なる者なり。

（第三　謀攻篇）

理想の戦争のあり方

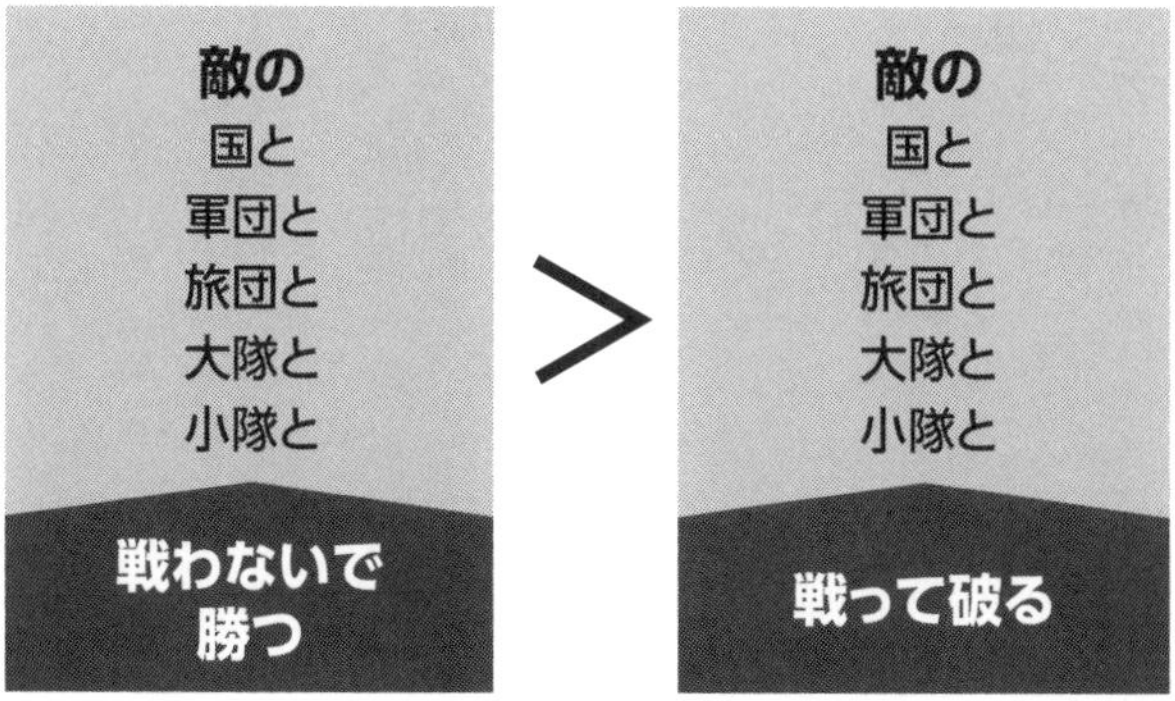

敵の国力・戦力、自分の国力・戦力を保全することが一番大切

大意

戦争のあり方としては、敵国と戦わずして敵の国力や軍隊の戦力を保全したまま降伏させるのが上策で、わざわざ戦って打ち破るのは上策に劣る。百回戦って百回勝つというのは、最高の勝ち方ではない。戦わないで敵の軍隊を屈服させるのが、最高の勝ち方なのである。

解説

実は戦わずして勝つこと以上の勝利はない。戦わなければ損害が出ないからだ。

相手もこちらも無駄に消耗するような競い合いはやらないほうが本当はよい。可能であれば、平和的に自分の意見や譲れないところを理解してもらえるようにするのが「できる人」なのだ。現代の交渉とは、まさにこのためにある。

2 利益を見せて、成果を得る

故に善く敵を動かす者は、これに形すれば敵必ずこれに従い、これに予《あた》うれば敵必ずこれを取る。利を以てこれを動かし、詐《さ》を以てこれを待つ。

（第五　勢篇）

大意

うまく敵を誘い出せる者は、わかるように敵に餌を撒くと、敵は必ずそれに喰いついてくる。何かを敵に与えると必ず敵は手を出す。つまり、利益を見せて、敵を誘導し、裏をかいて敵を攻撃するのである。

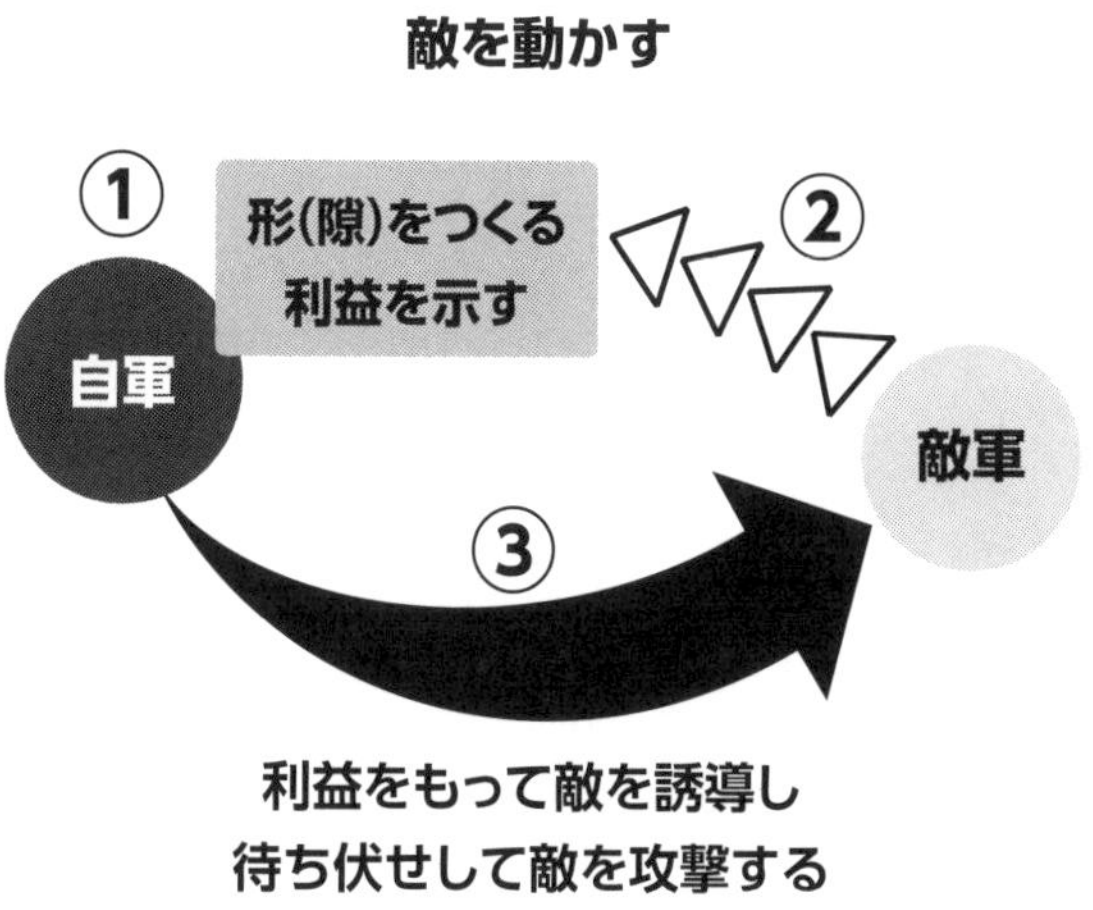

解説

戦いで有利になるには、主導権を握ることが重要である。わざと隙を見せたり罠を仕掛けたりして、敵をこちらの戦いやすい状況に誘導することができるのだ。

ビジネスにおいては、交渉時の駆け引きの際に活用したい心得である。

交渉では本心を丸出しにして、自分の利益だけを主張すると、相手は応じてくれない。しかし、下手にですぎて相手の要求を１００％飲んでしまうのでは、交渉の意味がない。そのようなときは、自分が得たい結果を再確認し、相手が思わず食いつきたくなるような利益を示すことで、条件によってはよい取引ができるだろう。

3 状況ごとに対応する

故に将、九変の利に通ずる者は、兵を用うるを知る。将、九変の利に通ぜざる者は地形を知ると雖《いえど》も、地の利を得ること能《あた》わず。兵を治めて九変の術を知らざる者は、五利を知ると雖も、人の用を得ること能わず。

（第八　九変篇）

大意

九変（定石とは異なる九つの対応）の利点に精通した将軍は、軍隊の動かし方をわきまえているものである。しかし、九変の利に精通していない将軍は、例え戦場の地形を知っていても、地形から得られる利点を活用することはできない。軍を率いながら九

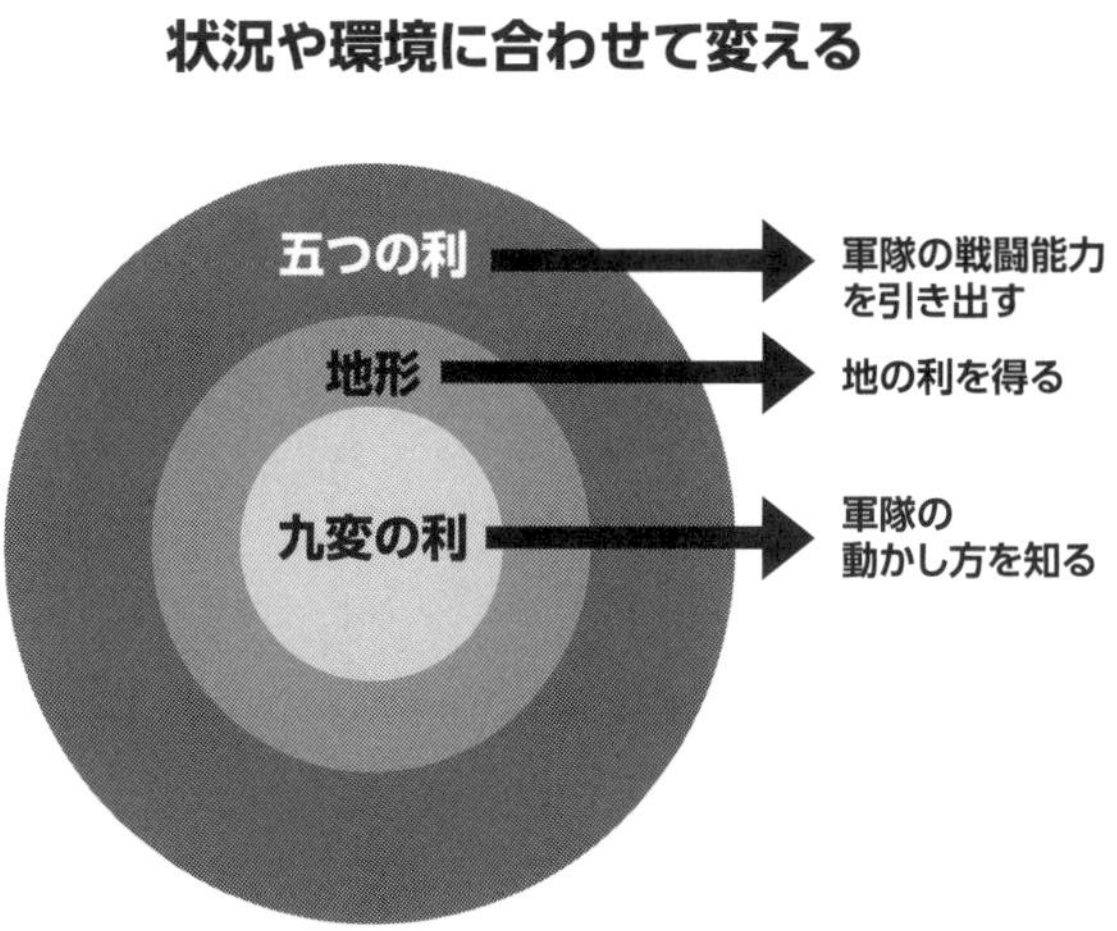
状況や環境に合わせて変える
五つの利
地形
九変の利
軍隊の戦闘能力を引き出す
地の利を得る
軍隊の動かし方を知る

変の方法を知らなくては、前述した五つの対応の利益（１７６ページにて解説）を知っていても、兵を存分に動かすことはできないのである。

解説

ここでいう「九変」の九とは、九を最大の数字として促え、「多数の」つまり「多彩な変化」の意味である。

『孫子』において、「正しく知る」ことは基本である。状況を知らなければ、勝敗の予測や作戦の決定に根拠がなくなるからである。しかし、地形を知っていても、それだけでなく、状況に応じて作戦を変える方法を身につけていなくては、状況を知ること自体の意味がないといえるのである。状況や環境に合わせた作戦や交渉の内容を選択しなければいけないということである。

4 敵軍の動きから状況を把握する

辞の卑《ひく》くして備えを益《ま》す者は進むなり。辞の強くして進駆《しんく》する者は退くなり。軽車の先ず出でて其の側《かたわら》に居る者は陳《じん》するなり。約無くして和を請う者は謀なり。奔走して兵を陳《つら》ぬる者は期するなり。半進半退する者は誘うなり。

（第九　行軍篇）

大意

敵の使者の話し方がへりくだっていながら、布陣を見ると守備を強化しているのは、進軍の準備をしているからである。敵の使者の物の言い方が強硬で進軍してくるような姿勢を示しているのは、退却するつもりだからである。敵が戦車を先に出動させ、軍

よく観察する

使者がへりくだっていながら戦備を強化している	攻撃の準備をしている
使者が強硬で、進撃してくる姿勢を示している	退却しようとしている
戦車が先に出動し側面に配置している	布陣して攻撃しようとしている
敵が理由もなく講話に来る	陰謀がある
あわただしく走りまわり軍隊を配置している	決戦しようと望んでいる
混乱しているように見える	誘い出そうと企んでいる

の左右に配置しているのは、攻撃を考えているのである。追い詰められた状況ではないのに講和を持ちかけるのは、陰謀を企んでいるからである。慌ただしく走りまわって兵を配置しているのは、決戦を仕掛けるつもりだからである。敵軍の半分が進み、半分が退いたり、混乱しているように見えるのは、こちらを誘い出そうとしているのである。

解説

戦いは相手を油断させ、その隙を狙うことを基本とする。それは敵も同様である。したがって、敵の行動を見てその本質を見抜かなくてはいけないのである。

これは個人の行動にも当てはまる。理由もなくお世辞を言ったり、利益を与えようとする人の心中は欲にまみれているものだから注意すべきだ。

5 敵の弱点を見つけて攻める

敢えて問う、敵衆整にして将《まさ》に来たらんとす。これを待つこと若何《いかん》。曰《いわ》く、先ず其の愛する所を奪わば、則ち聴かん。兵の情は速《そく》を主とす。人の及ばざるに乗じて、不虞《ふぐ》の道に由《よ》り、其の戒めざる所を攻むるなりと。

（第十一　九地篇）

大意

お尋ねするが、敵が秩序をもって大軍で攻めてこようとする場合は、どのように備えたらよいか。答えて言おう。敵に先んじて、敵が大切にしているものを奪えば、敵は思うがままになるだろう。戦争においては迅速な行動が最重要で、敵の配置が終わらない

敵が大軍でも戦える

整然と攻めてくる軍隊を破るには……

敵が大切にしているところを奪う

迅速に、敵の予想できない道を通り
敵の警戒していないところを攻撃する

うちに、敵の予想できない方法で、敵が警戒していないところを攻撃するのである。

解説

競合する相手を揺さぶるには、彼らが重要としているものを狙えばよい。これにより守備が薄くなったりして弱体化が狙える。

交渉においても、相手からよりよい答えを引き出す手段として同様の方法を使うことができる。たとえば、相手が欲しがっているものや求めていることについて、提供したり協力したりすることができる、と交渉の際に示せば話し合いを有利に進められるだろう。

【参考文献】

●『孫子』(金谷治/訳注　岩波文庫)
●『眠れなくなるほど面白い　図解　孫子の兵法』(島崎晋/著　日本文芸社)
●『孫子に経営を読む』(伊丹敬之/著　日経ビジネス文庫)
●『決定版　孫子の兵法がマンガで3時間でマスターできる本』(吉田浩/著　渡邉義浩/監修　つだゆみ/マンガ　明日香出版社)
●『ビジネスに使える!　孫子の兵法見るだけノート』(長尾一洋/監修　宝島社)

［著者］遠越 段（とおごし・だん）

東京都生まれ。早稲田大学卒業後、大手電器メーカー海外事業部に勤務。1万冊を超える読書によって培われた膨大な知識をもとに、独自の研究を重ね、難解とされる古典を現代漫画をもとに読み解いていく手法を確立。偉人たちの人物論にも定評がある。著書に『運命を拓く×心を磨く 松下幸之助』『時代を超える！ スラムダンク論語』『桜木花道に学ぶ“超”非常識な生き方48』『人を動かす！ 安西先生の言葉』（すべて総合法令出版）などがある。

※本書は『図解・演習　孫子の兵法』（総合法令出版刊）を加筆・修正したものです。

図解 孫子

「天才軍師」の必勝戦略

2025年1月23日　初版発行

著　者　遠越段
発行者　野村直克
発行所　総合法令出版株式会社
〒103-0001 東京都中央区日本橋小伝馬町15-18
EDGE小伝馬町ビル9階
電話　03-5623-5121
印刷・製本　中央精版印刷株式会社

落丁・乱丁本はお取替えいたします。

ISBN 978-4-86280-979-7
総合法令出版ホームページ　http://www.horei.com/